U0642894

重大科研基础设施和大型科研仪器开放共享发展研究报告 2022

科技部基础研究司
国家科技基础条件平台中心　著

科学技术文献出版社
SCIENTIFIC AND TECHNICAL DOCUMENTATION PRESS
·北京·

图书在版编目（CIP）数据

重大科研基础设施和大型科研仪器开放共享发展研究报告. 2022／科技部基础研究司，国家科技基础条件平台中心著. —北京：科学技术文献出版社，2023.11
ISBN 978-7-5235-0400-0

Ⅰ. ①重… Ⅱ. ①科… ②国… Ⅲ. ①科学研究—基础设施—资源共享—研究报告—中国—2022 ②科学研究—仪器—资源共享—研究报告—中国—2022
Ⅳ. ①G322.0

中国国家版本馆CIP数据核字（2023）第119691号

重大科研基础设施和大型科研仪器开放共享发展研究报告2022

策划编辑：张　丹　　责任编辑：韩　晶　　责任校对：张永霞　　责任出版：张志平

出　版　者	科学技术文献出版社
地　　　址	北京市复兴路15号　邮编 100038
编　务　部	（010）58882938，58882087（传真）
发　行　部	（010）58882868，58882870（传真）
邮　购　部	（010）58882873
官 方 网 址	www.stdp.com.cn
发　行　者	科学技术文献出版社发行　全国各地新华书店经销
印　刷　者	北京地大彩印有限公司
版　　　次	2023 年 11 月第 1 版　2023 年 11 月第 1 次印刷
开　　　本	787×1092　1/16
字　　　数	253千
印　　　张	11.5
书　　　号	ISBN 978-7-5235-0400-0
定　　　价	98.00元

版权所有　违法必究

购买本社图书，凡字迹不清、缺页、倒页、脱页者，本社发行部负责调换

《重大科研基础设施和大型科研仪器开放共享发展研究报告2022》
撰 写 组

组　长　苏　靖　郑　健

副组长　王瑞丹　李加洪

成　员　（按姓氏笔画排序）

王　祎	王　娅	王　晋	王　健	王亚坤
王呈珊	邓　攀	石　蕾	卢　凡	闫益康
汤高飞	许东惠	苏怀朋	杜明刚	李　华
李俊瑶	李晓辉	李笑寒	杨　丽	张士运
陈　力	武　虹	范冶成	罗小安	岳　琦
金国胜	周琼琼	类淑霞	祝学衍	徐　波
徐振国	高孟绪	高鲁鹏	盛志高	崔　燊
康　琪	梁艳春	韩玉刚	程　苹	曾　志
强振宏	赫运涛	管爱娇	谭福涛	熊　佳

执　笔　王　晋　周琼琼　徐振国　李　华
　　　　　闫益康　岳　琦　类淑霞　杨　丽

前　言

重大科研基础设施和大型科研仪器（简称"科研设施与仪器"）是用于探索未知世界、发现自然规律、实现技术变革的复杂科学研究系统，是突破科学前沿、解决经济社会发展和国家安全重大科技问题的技术基础和重要手段。在科学探索不断向宏观拓展且向微观深入、学科领域交叉汇聚日益频繁、社会经济发展和国家安全相关科技挑战日益复杂多变的情况下，科研设施与仪器的创新支撑作用愈加重要。

我国高度重视科研设施与仪器的发展。中华人民共和国成立以来，特别是改革开放以来，我国科研基础设施规模持续增长，覆盖领域不断拓展，技术水平明显提升，综合效益日益显现。截至 2022 年底，纳入重大科研基础设施和大型科研仪器国家网络管理平台（简称"国家网络管理平台"）的设施达到 91 项，涌现了"中国天眼"、"奋斗者"号等国际领先设施，在空间与天文科学、粒子物理与核物理、先进光源、生命科学等领域多点布局，设施规模总量接近世界先进国家的平均水平，部分设施性能指标达到国际先进水平。与此同时，设施运行水平持续提升，开放运行成效显著，实现了快速射电暴、极紫外光刻胶等一系列国际重大科学发现和重大技术突破，在促进科技创新和国民经济发展、保障民生和国家安全、推进国际科技合作等方面发挥了重要支撑作用。

我国大型科研仪器近年来进入了规模较大、高速增长、开放共享成效显著提升、自主研发面临挑战的新发展阶段。2021 年，我国新增 50 万元以上大型科研仪器 5319 台（套），大型科研仪器规模达到 13.3 万台（套），累计原值为 2046.9 亿元。2021 年，大型科研仪器年平均有效工作机时和对外服务机时分别为 1095 小时和 229 小时，开放共享管理取得积极进展。

近年来，我国科研设施与仪器的开放共享管理取得长足发展。为贯彻落实《国务院关于国家重大科研基础设施和大型科研仪器向社会开放的意见》（国发〔2014〕70 号，简称《意见》）的指示精神，国家科技基础条件平台中心（简称"平台中心"）不断完善国家网络管理平台体系，强化新购仪器论证和科研设施与仪器开放共享评价考核，推动各部门和管理单位完善管理制度，促进了科研设施与仪器的社会化开放，提升了科研设施与仪器的开放水平和利用率。

当前，全球科技创新空前密集活跃，世界新一轮科技革命和产业变革同我国转变发展方式形成历史交汇，叠加百年变局的深远影响，我国科技创新进入了以科技强国建设为战略目标、以科技自立自强为战略支撑、以"四个面向"为战略指向的新阶段。科技创新的新形势既为科研设施与仪器发展提供了更加有利的外部环境，又提出了整合优化资源配置、提高共享水平和使用效率、加强高端科研设施与仪器研发建造等一系列高质量发展的要求。

面向科研设施与仪器发展的新形势与新要求，为全面反映重大科研基础设施和大型科研仪器的年度发展情况，平台中心组织编制了本研究报告。报告主要依据国家网络管理平台数据，结合国家科技基础条件资源调查（2021 年度），以及对高校和科研院所等设施重点管理单位资源及使用情况的调研，重点说明和分析了科研设施与仪器运行和开放共享的情况。

结合研究组对中央级高等学校和科研院所等单位重大科研基础设施和大型科研仪器开放共享评价考核工作及国家科技基础条件资源调查的不完全数据统计分析，本报告分别围绕重大科研基础设施建设与发展、大型科研仪器建设与发展等方面开展研究，共分为 6 章。第一至第三章主要从重大科研基础设施发展现状、创新成果、开放共享成效等方面进行阐述；第四至第六章主要从大型科研仪器发展现状、开放共享成效和发展建议与展望等方面进行阐述。

由于科研设施与仪器的建设、运行和开放共享管理仍处于持续推进的过程中，报告编写组掌握的信息相对有限，报告中的部分内容和观点可能存在不妥之处，欢迎读者批评指正。报告编写过程中得到了中国科学院、教育部及相关行业协会等单位和领导、专家的大力支持，在此一并致以衷心的感谢！

目　录

第一章　重大科研基础设施发展现状

重大科研基础设施是用于探索未知世界、发现自然规律、实现技术变革的大型复杂科学设施，是突破科学前沿、解决经济社会发展和国家安全重大科技问题的技术基础，也是国家科技创新能力和综合国力的物质组成与重要标志，成为世界科技强国必争的战略高地。几乎所有的世界强国（如美国、德国、日本）都已布局建成了一大批重大科研基础设施，至今还在不断建设，涉及从物质结构、能源、信息、材料、天文与航天、地球与环境到海洋、生命与健康、农业和国家安全等多个领域。本章通过对纳入重大科研基础设施和大型科研仪器国家网络管理平台（简称"国家网络管理平台"）并对外开放的重大科研基础设施的分析，反映重大科研基础设施建设的进展及开放共享成效。

经过调查统计，截至 2022 年底国家网络管理平台的重大科研基础设施共计 91 项，设施总体水平处于国际先进行列，从世界最大单口径射电望远镜"中国天眼"，到不断打破等离子体运行最高温度和运行时长世界纪录的"东方超环"，再到创造万米作业潜深世界纪录的"奋斗者"号，已经形成了规模上接近先进国家水平、技术水平居国际前列、布局体系更加完整、高水平集群态势初步显现、自主创新能力持续提升、开放共享和利用水平不断提高的科研基础设施体系，在科技创新、经济社会发展、民生福祉和国家安全保障等方面发挥了越来越大的引领支撑作用。重大科研基础设施的建设与发展为提升基础研究、应用基础研究能力和突破关键核心技术水平，助力更多交叉前沿领域取得原创发现，积极服务打造国家战略科技力量创造了重要的基础条件。

一、建设规模投入持续增长

截至 2022 年底，纳入国家网络管理平台的重大科研基础设施共计 91 项，其中，已建成设施 70 项，在建设施 21 项（表 1-1）。已建成设施中，2021—2022 年新建设运行 6 项，年增长率为 9.5%。在建设施中，高能同步辐射光源、硬 X 射线自由电子激光装置、精密重力测量研究设施、江门中微子实验等设施的施工进程取得阶段性成效；强流重离子加速器、加速器驱动嬗变研究装置、空间环境地基综合监测网（子午工程Ⅱ期）等设施的关键线站等重点建设项目取得重大进展。

表 1-1　纳入国家网络管理平台的重大科研基础设施建设情况

建设状态	数量 / 项
已建成设施	70
其中：2021—2022 年新建设运行设施	6
在建设施	21
合计	91

以下为 2021—2022 年新建设运行的 6 项重大科研基础设施。转化医学国家重大科技基础设施（四川）和转化医学国家重大科技基础设施（北京协和）共两项转化医学设施于 2021 年投入运行［和 2020 年建成的转化医学国家生大科技基础设施（上海）共同填补了转化医学设施的空白并初步形成了支撑网络］；地球系统数值模拟装置的建成推动我国在地球系统预测等科学研究方面步入国际前列；重大工程材料服役安全研究评价设施为国家重大工程安全起到重要支撑作用；高海拔宇宙线观测站为开展大气、环境、空间天气等前沿科学交叉研究提供了重要实验平台；聚变堆主机关键系统综合研究设施为开展聚变堆条件下热与粒子排除关键问题研究、大规模低温和超导技术研究、强流粒子束与基础等离子体研究及能源、信息、健康、环境等交叉前沿领域研究提供平台和技术支撑（表 1-2）。

表 1-2 2021—2022 年新建设运行的重大科研基础设施

序号	设施名称	主管部门	类型
1	高海拔宇宙线观测站	中国科学院	空间与天文科学
2	重大工程材料服役安全研究评价设施	教育部	模拟环境与极端条件
3	地球系统数值模拟装置	中国科学院 / 教育部	模拟环境与极端条件
4	转化医学国家重大科技基础设施（四川）	四川省 / 教育部	生命科学
5	转化医学国家重大科技基础设施（北京协和）	国家卫生健康委员会	生命科学
6	聚变堆主机关键系统综合研究设施	中国科学院 / 中国核工业集团有限公司	粒子物理与核物理

二、覆盖关键重要科学领域

截至目前，91 项重大科研基础设施覆盖多个关键重要科学领域，包括模拟环境与极端条件、科考船、粒子物理与核物理、空间与天文科学等 7 大科学领域。

从科学领域布局的设施数量来看，模拟环境与极端条件类设施数量最多，达到 21 项，占全部设施的 23%；科考船类次之，为 18 项；粒子物理与核物理类为 17 项，空间与天文科学类为 13 项。从已建成设施数量情况看，模拟环境与极端条件类、科考船类及粒子物理与核物理类已建成设施数量均超过 10 项。生命科学类设施建设进展较快，在建设施数量为 4 项（表 1-3）。

表 1-3 重大科研基础设施类型分布

单位：项

设施类型	已建成设施			在建设施	全部设施
	2021 年前已建成设施	2021—2022 年新建成设施	小计		
模拟环境与极端条件类	10	2	12	9	21
科考船类	18	—	18	0	18

续表

设施类型	已建成设施			在建设施	全部设施
	2021 年前已建成设施	2021—2022 年新建成设施	小计		
粒子物理与核物理类	13	1	14	3	17
空间与天文科学类	9	1	10	3	13
生命科学类	3	2	5	4	9
超算中心	7	—	7	—	7
光源类	4	—	4	2	6
合计	64	6	70	21	91

2021—2022 年，在模拟环境与极端条件、生命科学、空间与天文科学和粒子物理与核物理领域新建成 6 项重大科研基础设施，进一步推动了重点科学领域设施布局与发展。

模拟环境与极端条件领域新增地球系统数值模拟装置和重大工程材料服役安全研究评价设施。地球系统数值模拟装置是我国首个具有自主知识产权，以地球系统各圈层数值模拟软件为核心，软、硬件协同设计，规模及综合技术水平位于世界前列的专用地球系统数值模拟装置。2022 年 1 月，"空间环境地面模拟装置"核心组成部分 300 MeV 质子重离子加速器建成出束；2022 年 10 月，该设施顺利通过国家验收并正式开放运行，推动我国在地球系统预测等科学研究方面步入国际前列，为实现"双碳"目标和美丽中国建设等提供重要科技支撑。

重大工程材料服役安全研究评价设施于 2022 年 11 月通过教育部组织的项目验收，该设施是首个直接面向国民经济主战场提供服务支撑的大科学装置，可真实再现重大工程关键材料与结构失效过程并实现综合安全评价。自投入试运行以来，该设施已承担核电、风电、冬奥、重燃、极地采油、高铁等 200 余项重大工程和设施关键部件的测试评价任务，多项测试数据填补领域空白，对国家重大战略起到重要支撑作用。

生命科学领域两项转化医学设施建成运行。2021—2022 年，转化医学国家重大科技基础设施（四川）和转化医学国家重大科技基础设施（北京协和）先后建成并投入运行，标志着"十二五"布局的转化医学研究支撑网络基本成形。转化医学国家重大科技基础设施（四川）、转化医学国家重大科技基础设施（北京协和）和先期建成的转化医学国家重大科技基础设施（上海）构成的转化医学设施体系辐射了华东、西南和华北等区域，涵盖了肿瘤、代谢性疾病、心脑血管疾病、生物治疗和老龄化相关心脑血管疾病和疑难杂症等多种重大疾病，成为转化医学发展的重要支撑。

空间与天文科学领域新增高海拔宇宙线观测站 1 项设施。2021 年 11 月，高海拔宇宙线观测站建成并通过工艺验收，进入科学运行阶段。高海拔宇宙线观测站首次大规模使用硅光电管、超大光敏面积微通道板光电倍增管等先进探测技术，使得人类探索更深的宇宙、更高能量的射线等都达到前所未有的水平，为开展大气、环境、空间天气等前沿科学交叉研究提供了重要实验平台。

此外，脉冲强磁场实验装置于 2022 年启动优化提升项目，将围绕磁场参数提升、测量手段丰富和研究领域三方面拓展，瞄准物质科学、生命科学及强电磁工程科学领域的重大科学问题，进行脉冲强磁场实验装置的优化升级和功能扩展。

三、设施呈现区域聚集态势

重大科研基础设施在不同区域形成多个设施集群。从设施地域分布来看，北京、上海经济发达，科技创新资源富集，对重大科研基础设施有较强的需求，布局的设施数量较多、规模较大。截至 2022 年底，北京拥有可共享设施 18 项（包括总部在北京的全国分布型设施），上海拥有可共享设施 12 项，二者合计占全部设施总量的 33%；此外，在山东、四川、广东和海南四个省份分布的设施数量相对较多，其中山东设施数量为 9 项，四川和广东均为 8 项，海南为 6 项，4 个省份拥有的设施数量共占全部设施数量的 34%；上述 6 个省市拥有设施总量的 67%，为区域建设高水平设施集群提供了基础条件。

综合性国家科学中心正在成为重大科研基础设施高水平集群的新平台。北京怀柔综合性国家中心、合肥综合性国家科学中心、粤港澳大湾区综合性国家科学中心、上海张江综合性国家科学中心均集聚了多项重大科研基础设施，并在设施类型和体系化方面各具特色（图 1-1、图 1-2、表 1-4）。

图 1-1　上海张江综合性国家科学中心

图1-2　合肥综合性国家科学中心

表1-4　综合性国家科学中心重大科研基础设施集聚情况

综合性国家科学中心	重大科研基础设施	建设/运行状态
北京怀柔综合性国家科学中心	高能同步辐射光源	在建
	综合极端条件实验装置	在建
	地球系统数值模拟装置	已建成
	多模态跨尺度生物医学成像设施	在建
	空间环境地基综合监测网	在建
合肥综合性国家科学中心	全超导托卡马克核聚变实验装置	已建成
	稳态强磁场实验装置	已建成
	合肥同步辐射装置	已建成
	聚变堆主机关键系统综合研究设施	已建成
	合肥先进光源及先进光源集群	预研
	大气环境立体探测实验研究设施预研	预研
	反场箍缩磁约束聚变实验装置	预研

续表

综合性国家科学中心	重大科研基础设施	建设 / 运行状态
粤港澳大湾区综合性国家科学中心	未来网络基础设施（深圳）	已建成
	国家超级计算深圳中心	已建成
	多模态跨尺度生物医学成像装置（深圳）	在建
	江门中微子实验	在建
	空间环境地面模拟装置（深圳拓展设施）	在建
	中国散裂中子源	已建成
上海张江综合性国家科学中心	上海同步辐射光源	已建成
	上海软 X 射线自由电子激光装置	已建成
	国家蛋白质科学研究（上海）设施	已建成
	转化医学国家重大科技基础设施（上海）	已建成
	硬 X 射线自由电子激光装置	在建

近年来，上海不断加快建设具有全球影响力的科技创新中心，面向世界科技前沿，推动重大科研基础设施集群建设。在建、在用的重大科研基础设施覆盖光子科学、生命科学、海洋科学、能源科学等领域，在张江科学城集聚了上海同步辐射光源、国家蛋白质科学研究（上海）设施、超强超短激光装置、上海软 X 射线自由电子激光装置和硬 X 射线自由电子激光装置等 8 项重大科研基础设施，初步形成我国乃至世界上规模最大、种类最全、功能最强的光子重大科研基础设施集群，为关键核心技术从理论源头突破创造更好条件。

四、自主创新能力不断提升

重大科研基础设施布局日益完善，产出更加丰硕，溢出效应明显，对促进我国科技事业发展起到了巨大的支撑作用。在设施建设与运行中，自主创新关键技术不断涌现，自主创新能力不断提升，为解决国家发展中遇到的关键瓶颈问题做出了突出贡献，同时引领设施发展迈向国际领先水平。

多项自主研发建造的重大科研基础设施具有国际领先水平。例如，2020 年 1 月，500 米口径球面射电望远镜（FAST）通过验收并投入运行，成为世界上最大的单口径射电望远镜。FAST 建设通过超大口径反射面主动变位等突破性设计及一系列工程技术和管理创新，创造了单一口径最大和灵敏度最高两项世界纪录，也使我国射电望远镜首次在灵敏度上占据了制高点。2021 年 5 月，全超导托卡马克核聚变实验装置实现了可重复的 1.2 亿摄氏度 101 秒等离子体运行，再次创造托卡马克实验装置运行新的世界纪录。2021 年 12 月，该装置实现了电子温度近 7000 万摄氏度的长脉冲高参数等离子体运行 1056 秒，这是目前世界上托卡马克装置高温等离子体运行的最长时间，表明我国已经自主掌握了大型先进托卡马克装置的设计、建造、运行技术，跨入了全球可控核聚变研究前列。2022 年 8 月，中国科学院合肥物质科学研究院强磁场科学中心研制了国家稳态强磁场实验装置，其混合磁体（磁体口径为 32 毫米）产生了 45.22 万高斯（45.22 特斯拉）的稳态磁场，刷新了由美国国家强磁场实验室于 1999 年创造的保持 23 年之久的世界纪录（其混合磁体产生 45 万高斯），成为目前全球范围内可支持科学研究的最高稳态磁场（图 1-3）。

图 1-3　国家稳态强磁场实验装置混合磁体

依托重大科研基础设施与平台产生了多项原创性科研成果，并产生了重大的影响力。高海拔宇宙线观测站（LHAASO）自投入运行后不断取得世界级成果和发现。2021 年 5 月，借助 LHAASO，我国科研人员在银河系内发现大量超高能宇宙加速器，并记录到能量达 1.4 拍电子伏的伽马光子，这是人类观测到的最高能量光子，突破了人类对银河系粒子加速的传统认知，开启了超高能伽马天文学的时代；中国科学院近代物理研究所依托兰州重离子研究装置，创新性地将"质子 - 伽马"复合方法用于新核素的鉴别，比国际通用方法提高了约 50 倍的灵敏度，使我国在丰质子新核素合成研究方向上走到了国际前列。

重大科研基础设施在建设与发展过程中，攻克了部分技术难关，突破了一批关键核心技术，在解决重点领域"卡脖子"问题等方面发挥了重要作用。中国散裂中子源是研究物质材料微观结构的科学平台。近年来，通过该设施，研究人员首次获得了多种型号发动机的 3D 打印叶片、高温合金叶片、单晶叶片在不同工艺、不同服役状况下的内部应力数据，填补了国内深层高精度应力测试与评价的空白，支撑解决国产叶片的材料设计、制备和加工工艺难题，使得长期制约我国航空领域中叶片服役寿命缺乏合适检测手段的关键问题得以解决；FAST 采用光机电一体化技术，自主提出轻型索拖动馈源支撑系统和并联机器人，实现了望远镜接收机的高精度指向跟踪；郭守敬望远镜应用主动光学技术控制反射施密特改正板，成功解决了大视场望远镜不能同时具有大口径的难题。

重大科研基础设施建设具有综合性、复杂性、先进性及系统性，国产科研设备自主研发与应用成为其重要的组成部分。"科学号"海洋科考船是国内综合性能最先进的科考船。它自2012年9月建成交付以来，开展了多项大型海洋科学考察任务，支撑海洋科学研究不断取得新发现。2021年6月，"科学号"海洋科考船完成首个高端用户共享航次，在目标海域获得大量科学发现，科考船搭载了多台（套）国产自主研发设备，并进行了多项海试工作，圆满完成了"在海底做实验"的任务。中国散裂中子源于2018年建成并投入开放运行，成为我国首台、世界第四台脉冲型散裂中子源，相关设备国产化率超过90%。2020年，中国散裂中子源自主研制出首台加速器硼中子俘获治疗（BNCT）实验装置，为医用BNCT装置整机国产化和产业化奠定了技术基础。

五、开放运行模式更加成熟

重大科研基础设施是由国家统筹布局，依托高水平创新主体建设，面向社会开放共享的大型复杂科学研究装置或系统，承担了为高水平研究活动提供开放服务的重大使命。同时，重大科研基础设施往往从建设伊始就有公共设施的特质，在管理上就有面向全社会开放服务的要求。当前，重大科研基础设施开放运行模式日趋成熟，通过开放设施预约、设立开放课题、组建研究合作组等多种形式吸引国内外大批高水平科研用户开展科研工作，推动了重大科学研究与原创成果的产生，发挥了设施作为公共平台的作用，提升了重大科研基础设施的运行效益。

重大科研基础设施发挥公共平台作用，通过提供实验检测与数据共享服务吸引了众多用户。中国散裂中子源自对外开放以来，已完成 8 轮用户实验，包括来自高校、院所及高技术企业的用户，共开展 800 多项课题，设施年开放机时超过 5000 小时，运行效率达到 97%。转化医学国家重大科技基础设施（上海）于 2019 年初投入试运行并全面对外服务，累计为近 900 余个高校、企业与科研院所项目团队（组）提供公共测试服务。公共平台实行全年无休、全天 24 小时开放，极大地提高了开放机时数，一批重大科研仪器装备的年开放机时超过 5000 小时。新一代厘米-分米波射电频谱日像仪（MUSER）自投入运行以来，坚持所有观测数据对国内外同行公开，鼓励国内外同行参与分析、使用观测数据，并制定合作研究的数据开发政策，与国内外相关研究领域的高校和科研院所共享和开发现有观测数据。目前，该设施现有用户 22 家，包括国内 8 家及美、英、法、德、俄、日、捷、印等地的 14 个大学和研究机构。

重大科研基础设施设立开放课题、基金及计划支持共享及合作研究。脉冲强磁场是开展脉冲强磁场技术及脉冲强磁场环境下的科学实验研究的重要设施。2021 年，脉冲强磁场实验装置开设开放课题 50 项，资助国内 11 家研究机构开展强磁场下的交叉科学研究及强磁场设施二期技术预研，资助金额共计 1255 万元；转化医学国家重大科技基础设施（上海）设立开放课题基金，面向国内外科研机构及相关领域的设施用户，围绕肿瘤、心脑血管疾病、代谢性疾病等开展转化医学科学研究。2020 年，该设施开放课题基金立项共计 52 项。国家蛋白质科学研究（北京）是生物医药领域的重大科研基础设施。基于设施主体技术创新与服务能力的提升，该设施设立了开放课题支持蛋白质组学、功能基因组学及生物信息学等学科的项目研究。在开放课题的支持下，科研人员取得了具有较大影响力的成果。基于子午工程的建设，我国科学家率先提出了"国际空间天气子午圈计划"，子午圈上的各国合作开展全球空间天气联测及科学研究，奠定了我国在空间领域大科学国际合作中的重要地位。总体来看，开放课题的设立吸引了科研团体参与设施相关研究，也深化了设施的研究领域及开放合作。

依托重大科研基础设施建立科研合作组，共享开放科学数据及科研成果。高海拔宇宙线观测站（LHAASO）建立了以中国为主、多国参与的国际宇宙线研究中心，该中心借助高海拔伽马天文、宇宙线的观测优势，吸引了全球 24 个天体物理研究机构成为 LHAASO 的固定用户。其采用国际通行的合作组模式，它们以与中国科学院高能物理研究所签订正式合作协议方式加入合作组，运行产生的全部科学数据均对合作组成员开放。目前已有约 270 名科学家与研究生加入了合作组，开展粒子天体物理研究。合作组每年举行两次大会，讨论运行与观测计划、交流利用 LHAASO 数据的研究进展与成果。LHAASO 合作组 2021 年共发表文章 12 篇，所有合作组成员都署名"LHAASO 合作组"。北京正负电子对撞机的北京谱仪Ⅲ实验国际合作组成立于 2008 年，是由来自亚洲、欧洲和美洲等 17 个国家 80 个研究机构的约 500 名科学家组成的国际合作组，也是目前国内正在运行的最大国际合作组。2022 年合作组完成了世界上最精确的正反科西超子衰变参数和不对称性测量，为研究物质和反物质不对称性提供了极其灵敏的实验探针。

第二章　重大科研基础设施创新成果

重大科研基础设施建设规模快速增长，设施水平不断提高，为开展基础研究和应用研究提供了重要平台，推动粒子物理、凝聚态物理、空间与天文科学、生命科学等领域部分前沿方向的科研水平迅速进入国际先进行列。2021—2022 年，纳入国家网络管理平台对外开放的重大科研基础设施的建设水平与创新能力延续了不断提升态势，并在单口径大型射电望远镜、托卡马克装置、深海潜水器、同步辐射光源等领域和方向取得了重大进展，部分领域巩固了国际前列的地位，部分领域实现了国际领先水平的快速或跨越式发展。

一、空间与天文科学

随着技术的进步与发展，人类对空间与天文科学的研究水平不断提升，对宇宙奥秘与物质运动规律的研究更加深入。重大科研基础设施为空间与天文科学领域研究开辟了更为广阔的前景。空间与天文科学领域重大科研基础设施主要围绕宇宙与天体物理、太阳及日地空间观测、空间环境物质等科学研究建立。1986 年，13.7 米毫米波射电望远镜项目建设完成，这是我国首个空间与天文科学领域重大科研基础设施。此后，我国又陆续建设了大天区面积多目标光纤光谱天文望远镜（LAMOST）、天马望远镜、子午工程、新一代厘米 - 分米波射电频谱日像仪等重大科研基础设施。目前，空间与天文科学领域重大科研基础设施总量达到 13 项。

望远镜是现代天文学和深空探索必不可少的设施，尤其是单口径射电望远镜具有更大观测范围和更高灵敏度，不仅是天文理论发展的必要条件，也是天文、物理理论发展与工程技术的集成体现，是目前全球天文学发展的焦点与瓶颈。望远镜是空间与天文科学领域重大科研基础设施的主要类型。我国射电望远镜起步较晚但发展迅速，在单口径大型射电望远镜上实现了跨越式发展。2016 年，我国自主研发建造的 500 米口径球面射电望远镜（FAST）落成，创造了单一口径最大和灵敏度最高两项世界纪录，使我国射电望远镜首次在灵敏度上占据了制高点（图 2-1）。FAST 于 2020 年 1 月通过验收并投入运行，标志着海内外天文学家在美国阿雷西博望远镜损毁之后获得了性能更高的观天利器。自投入运行以来，FAST 已经发现了 500 颗以上脉冲星，是同一时期国际上所有其他望远镜发现数量总和的 4 倍以上。2022 年 6 月，中国科学院国家天文台国际研究团队在 *Nature* 上发表的成果表明，利用 FAST 发现了迄今为止唯一持续活跃的重复快速射电暴 FRB 20190520B，通过 FAST "多科学目标同时巡天" 优先重大项目迄今已经发现至少 6 例新的快速射电暴。

图 2-1　500 米口径球面射电望远镜外观

二、粒子物理与核物理

粒子物理与核物理是研究物质最基本的构成、性质及其相互作用的规律的科学。以兴建若干大科学工程为标志，国际上粒子物理与核物理研究正在继续蓬勃发展并面临着重大的突破。自1984年北京正负电子对撞机开建以来，我国粒子物理与核物理领域重大科研基础设施建设数量达到17项，包括兰州重离子加速器、全超导托卡马克核聚变实验装置、中国绵阳研究堆、"聚龙一号"装置、江门中微子实验、加速器驱动嬗变研究装置等。

中国热核聚变装置走在世界前列，可控核聚变是未来理想的清洁能源。美国、苏联、法国等国在20世纪20年代开始了可控核聚变相关研究，其间先后探索了仿星器、磁镜等多种技术路径。自20世纪50年代苏联科学家发明了托卡马克装置后，相关研究迅速发展成为主要突破方向。美国、日本、苏联及欧洲等可控核聚变研究领先国家在20世纪70—80年代先后建立了TFTR、欧洲联合环、JT-60、T-15等大型托卡马克装置，并在1985年启动了国际热核聚变实验堆（ITER）建设工程。

我国热核聚变能研究始于20世纪60年代初，于70年代逐渐形成了以托卡马克装置为主、兼顾惯性约束聚变（ICF）的发展路径。托卡马克装置尽管起步较晚，但近年来不断取得突破。2007年，全超导托卡马克核聚变实验装置（EAST）建成，成为国际重大合作计划"国际热核聚变实验堆（ITER）计划"的重要实验平台，为ITER的建设提供了关键的核心部件，并成为国际上最重要的核聚变研究实验平台。EAST建成并投入运行后，不断取得突破性进展：2012年打破世界纪录，获得超过400秒的2000万摄氏度高参数偏滤器等离子体；2016年在世界上首次实现分钟量级的稳态高约束模运行；2017年实现了稳定的101.2秒稳态长脉冲高约束等离子体运行。

2021 年，托卡马克装置的研究建设稳步发展，进一步巩固了我国在国际热核聚变能研究第一方阵中的地位。2021 年 5 月，EAST 实现了可重复的 1.2 亿摄氏度 101 秒等离子体运行和 1.6 亿摄氏度 20 秒等离子体运行，刷新了由韩国超导托卡马克先进研究（KSTAR）中心在 2020 年底创造的 1 亿摄氏度 20 秒等离子体运行的世界纪录。2021 年 12 月，EAST 突破 1000 秒大关，实现 1056 秒的长脉冲高参数等离子体运行，这是目前世界上托卡马克装置高温等离子体运行的最长时间（图 2-2）。

图 2-2 全超导托卡马克核聚变实验装置

21 世纪初，中微子成为高能物理学的热点前沿，相关研究蓬勃发展，不仅成为粒子物理学最重要的分支之一，而且扩展到天文学、宇宙学、地球物理学等多个学科，形成了"中微子科学"。中微子实验装置是取得重大研究进展的重要基础。2006 年，大亚湾中微子实验室立项，2020 年 12 月正式退役。其运行期间取得了多项重要成果，如 2012 年大亚湾中微子实验发现了第三种中微子振荡并测量得到其振荡概率，成功推动中微子研究进入世界前列。在大亚湾中微子实验取得的一系列成果的基础上，我国于 2015 年开工建设江门中微子实验装置，设计运行时间为 30

年，江门中微子实验基地如图 2-3 所示。基于领先的液体闪烁探测器技术和反应堆中微子物理，实验站采用了原创性的实验方案，计划建造的中微子探测器将是世界上能量精度最高、规模最大的液体闪烁探测器，有望率先测定中微子质量顺序。实验站的建设及启动是我国中微子实验研究从起步到跨越的重要标志，对巩固我国在中微子研究领域的领先地位具有重要意义。

图 2-3　江门中微子实验基地

暗物质直接探测、无中微子双贝塔衰变、宇宙重核形成等一系列问题，是粒子物理学、宇宙学和天体物理学领域的重大基础前沿议题。深地实验设施可以实现极低辐射本底，是相关研究开展的必要物质基础与条件，许多国家都建设或运行着不同规模的深地实验设施或实验室，其中正在运行的设施或实验室数量达数十个，容积从几百立方米到十几万立方米，岩石覆盖厚度从几百米到 2000 多米，所开展的相关研究包括暗物质直接探测、无中微子双贝塔衰变实验、太阳和大气中微子实验等各种类型的低本底粒子物理实验。

2010 年，清华大学与和雅砻江流域水电开发有限公司联合建设完成了中国锦屏地下实验室（CJPL）（图 2-4）。实验室岩石埋深为 2375 米，空间约为 4000 立方米，是我国首个极深地下实验室，也是世界岩石垂直覆盖最深的极深地下实验室。实验室先后支持了清华大学主持的中国暗物质实验（CDEX）与上海交通大学领导的液氙直接探测实验（PandaX）两项暗物质探测实验。2020 年 12 月，在中国锦屏地下实验室一期建设运行的基础上，"极深地下极低辐射本底前沿物理实验设施"正式开工建设。这是我国也是世界上第一次大规模建设具有极低辐射本底和极端条件的综合实验设施。建成后的"极深地下极低辐射本底前沿物理实验设施"将具有世界最大的岩石埋深，具备国际领先的深地物理实验综合条件，拥有国际先进的极低辐射环境检测、测试能力和国际一流的用户服务能力，有望成为世界深地物理实验的中心。2021 年，我国科研人员依托锦屏深地核天体物理实验装置直接测量了关键核天体反应——氟辐射俘获质子的突破反应截面，将测量范围推进到世界最低能区并发现了一个新共振，解释了宇宙中已知最古老恒星的钙丰度起源问题。该结果支持了第一代恒星的弱超新星爆模型，揭示了古老恒星的演化命运。相关论文刊发在 *Nature* 期刊上，成为中国锦屏地下实验室首批成果之一。

图 2-4　中国锦屏地下实验室

三、科考船与深潜器

深海是国际海洋科学技术的热点领域，也是人类解决资源短缺问题、拓展生存发展空间的战略必争之地。美国、俄罗斯、法国、日本等国在20世纪60—70年代就开展了载人和无人深潜器的研制与作业，形成了深海探索的第一方阵。1979年，"实验2号"海洋科考船建设完成，标志着我国开始发展深海技术和深海装备，并相继研发建造了"蛟龙"号、"深海勇士"号和"奋斗者"号载人深潜器及"探索4500""海斗一号"无人深潜器，打破和创造了多项世界纪录，取得了多项世界级成果，实现了深潜器从落后、赶超到居国际前列的跨越式发展。

"蛟龙"号是我国第一台7000米级载人深潜器，在诸多方面实现了深潜器"从0到1"的突破，并取得了一系列令人瞩目的成果：2010年7月，达到3759米作业潜深，使我国成为世界第五个掌握3500米大深度载人深潜技术的国家；2012年6月，以7062米的下潜深度打破了日本深潜器创造的6527米世界纪录，标志着我国深潜器成为海洋科学考察的领先者，意味着中国海底载人科学研究和资源勘探能力达到国际领先水平。2017年研制成功的"深海勇士"号是我国第二代载人深潜器，实现了技术的自主可控和95%的国产化率，完成了相关装备的从无到有。

2016年，我国同时启动了"奋斗者"号和"海斗一号"的研制工作，它们于2020年完成了作业海试。2020年，"奋斗者"号成功坐底深达10 909米的马里亚纳海沟，创造了我国载人深潜的新纪录，标志着我国在大深度载人深潜领域达到了世界领先水平。截至目前，"奋斗者"号载人深潜器共下潜23次，其中6次超过1万米。"海斗一号"于2020年成功完成了首次万米海试与试验性应用任务，最大下潜深度为10 908米，刷新中国潜水器最大下潜深度纪录，同时填补了中国万米作业型无人潜水器的空白（图2-5）。2021年，"海斗一号"在国际上首次实现对

"挑战者深渊"西部凹陷区的大范围全覆盖声学巡航探测，首次实现无缆无人潜水器 AUV 万米坐底并连续拍摄高清视频影像。在自主遥控混合（ARV）模式下，"海斗一号"在万米海底连续工作超过 10 小时，创造了我国潜水器万米海底最长工作时间纪录，并实现了万米海底定点实时高清精细观测，标志着无人深潜器技术与装备进入了全海深探测与作业应用的新阶段，表明我国在全海深无人潜水器领域正在迈向国际领先行列。

图 2-5 "海斗一号"

四、模拟环境与极端条件

中国散裂中子源是目前我国规模最大的科学装置，是继英国散裂中子源、美国散裂中子源和日本散裂中子源之后的世界第四台脉冲型散裂中子源（图 2-6）。中国散裂中子源填补了国内脉冲中子源及应用领域的空白，为中国物质科学、生命科学、资源环境、新能源等方面的基础研究和高新技术研发提供了强有力的研究平台，对于推动强流质子加速器和中子散射领域实现重大跨越、满足国家重大战略需求、解决前沿科学问题具有重要意义。中国散裂中子源于 2011 年在广东东莞开工建设，2018 年 8 月通过验收投入开放运行。中国散裂中子源的建设带来了一系列技术创新，包括射线装置及靶心结构工后不均匀沉降精确控制、防中子辐射重质混凝土研制、大型屏蔽铁隧道毫米级安装等，充分体现了我国类似设施的建造水平和自主创新能力。2021 年 7 月，中国散裂中子源多物理谱仪顺利通过验收，标志着中国散裂中子源建成了国内首台可以开展中子全散射研究的多物理谱仪，也使中国散裂中子源进一步丰富了所装备谱仪的类型和数量，实现了应用领域的扩展。2022 年 4 月，中国散裂中子源的大气中子辐照谱仪成功出束，成为中国散裂中子源建成的第五台谱仪。

图 2-6　中国散裂中子源

综合极端条件实验装置是国际先进的集极低温、超高压、强磁场、超快光场等极端条件于一体的用户实验装置，极大地提升了我国在物质科学及相关领域的基础研究与应用基础研究综合实力（图 2-7）。该装置按研究方向分为 4 个科学实验系统，它们相互关联、相互支撑、综合集成，目前部分子系统已正式面向国内外用户开放，共有国内外 33 个高等院校、科研院所和高新企业的 48 个课题、约 1.4 万小时的机时申请获批，相关用户现已到访合作，并已形成一定的知识成果。同时依托该装置，综合极端条件物理国际会议暨暑期学校成功召开，促进国际合作交流，深度宣传综合极端条件实验装置。

图 2-7 综合极端条件实验装置

五、先进光源

同步辐射光源是一种高性能强光源，主要用于对物质内部结构及物质内电子间交互作用进行准确探查，具有高强度、高度准直、高度极化、时间结构及特性可精确控制等优异性能。

从 20 世纪 60 年代开始，同步辐射光源开始广泛地应用于物理、化学、生命科学、地球科学与环境、能源、工程、文化遗产保护等众多基础学科和应用学科领域，催生了一批重大科技前沿突破和亮点成果，成为各国竞相发展的重大科研基础设施类型。据不完全统计，截至 2018 年 6 月，全球范围内已建成或在建的同步辐射光源有 52 项，包括欧洲同步辐射装置（ESRF）、美国先进光源（ALS）、美国先进光子源（APS）等设施。同时，各个国家也竞相开展第四代光源的建设，包括美国的 NSLS-Ⅱ、瑞典的 MAX Ⅳ 和巴西的 LNLS 光源。

目前，我国拥有 6 台不同类型、不同技术代次的同步辐射装置，分别是北京同步辐射装置（BSRF）、合肥同步辐射装置（HLS）、上海同步辐射光源（SSRF）、基于可调极紫外相干光源的综合实验研究装置（简称"大连相干光源"）、上海软 X 射线自由电子激光装置（SXFEL）和硬 X 射线自由电子激光装置（SHINE）。其中，BSRF 依托北京正负电子对撞机，属于第一代光源；HLS 是覆盖了低能端的第二代光源，适于开展软 X 射线和真空紫外波段的研究，可向波长更长的红外、远红外波段扩展；SSRF 是覆盖了中高能端的第三代光源（图 2-8）；大连相干光源是我国第一台自由电子激光用户装置，同时是世界上唯一工作在极紫外波段的自由电子激光装置，是世界上亮度最高的极紫外光源设施；SXFEL 于 2020 年通过国家验收，是我国第一个投入使用的第四代光源；SHINE 是上海张江综合性国家科学中心的核心项目，已于 2018 年 4 月 27 日开工建设，计划 2025 年建成。

图 2-8　上海同步辐射光源

21 世纪初，我国开始部署第四代光源的建设。目前共有 1 项已建成设施和 2 项在建设施，已建成设施是上海软 X 射线自由电子激光装置（SXFEL），2 项在建设施是硬 X 射线自由电子激光装置（SHINE）和高能同步辐射光源（HEPS）。2020—2021 年，我国的同步辐射光源建设取得了突破性进展。2020 年 12 月，SXFEL 通过国家验收，使我国成为继德国的 DESY、意大利的 FERMI-FEL 之后第三个拥有软 X 射线自由电子激光装置的国家。同时，SXFEL 在 2.0 纳米波长全球首次实现自由电子激光放大出光，表明我国在软 X 射线自由电子激光研制方面已步入国际先进行列。2021 年 5 月，SXFEL 先后在 5.6 纳米、3.5 纳米、2.4 纳米和 2.0 纳米波长实现自由电子激光放大出光，实现了"水窗"波段全覆盖、输出功率达峰与射线贯通。2021 年 6 月，SXFEL 首次获得飞秒尺度的 X 光照片，我国在软 X 射线自由电子激光研制方面步入了国际先进行列。

硬 X 射线自由电子激光装置（SHINE）是全球唯一与 100 PW 超强超短激光汇聚的硬 X 射线自由电子激光装置，将把光和物质的相互作用研究推进到强场量子电动力学（QED）领域，拓展人类对世界的认知新领域，将使得光子科学领域形成中国、美国、欧洲三足鼎立的格局，实现我国先进光源从"跟跑"到"领跑"的历史性跨越。目前，该装置关键核心部件研制已取得突破，已建成国内最大超低温工厂和最大规模超导模组集成设施；高频超导模组所有关键部件完成首批全国产加工研制。该装置将成为未来十几年世界上仅有的三台高性能硬 X 射线自由电子激光装置之一，从而形成光子科学领域中国、美国、欧洲三足鼎立的格局，为我国基础科学的前沿发展带来前所未有的机遇。

六、生命科学

我国生命科学领域重大科研基础设施以探索生命奥秘和解决人类健康、农业可持续发展的重大科技问题为目标，支撑生命科学宏观与微观极端研究与发展。目前，我国生命科学领域科研设施数量达到 9 项，不断突破生命健康、普惠医疗、生物育种等多项重大科技瓶颈。

经过近 3 年的建设施工，多模态跨尺度生物医学成像设施工程于 2022 年 11 月 3 日竣工（图 2-9）。该设施包括多模态医学成像装置、多模态活体细胞成像装置、多模态高分辨分子成像装置、全尺度图像整合系统及模式动物等辅助平台和配套设施等，可实现对生命体结构与功能的跨尺度可视化描绘与精确测量，破解生命与疾病的奥秘，实现高端生物医学影像仪器装备的"中国创造"。

图 2-9　多模态跨尺度生物医学成像设施

国家蛋白质科学研究（北京）设施以冷冻电子显微学系统为核心，配置单电子计数探测器可将蛋白结构解析到近原子分辨率级别，为从事蛋白质结构研究的科研人员提供蛋白质晶体筛选制备、衍射数据收集、蛋白质结构解析等方面的强大技术支持，其产出诸多具有国际影响力的成果，在世界顶尖学术期刊 *Nature*、*Science*、*Cell* 上以通信作者的身份发表高水平研究论文 50 余篇，为产出世界级成果提供了核心支撑。国家蛋白质科学研究（上海）设施是全球首个生命科学领域的综合性大设施，也是我国蛋白质科学和技术的重要创新基地。该设施拥有国际一流的蛋白质科学研究平台，为国内外科研用户在分子水平、细胞水平和个体水平上研究蛋白质、蛋白质复合体、蛋白质机器的结构与功能提供全面的技术与条件保障，形成了国际一流的蛋白质科学研究体系和重要的创新基地（图2-10）。

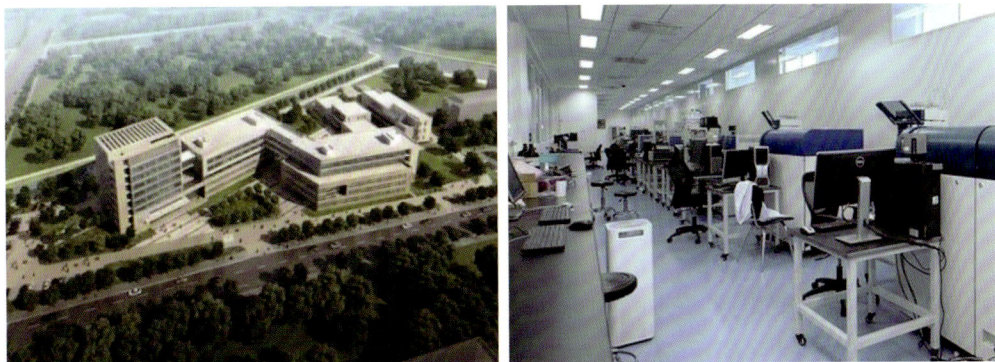

图2-10　国家蛋白质科学研究（上海）设施（左）和国家蛋白质科学研究（北京）设施（右）

转化医学国家重大科技基础设施（上海）于2016年启动全面建设，2019年率先进入试运行。该设施针对我国重大疾病诊疗中的关键技术，围绕肿瘤、代谢性疾病和心脑血管疾病等重大疾病，研究相关发病机制和规律，建立相关疾病预测、预防、早期诊断和个体化治疗的理论、模型和方法，解决重大疾病发生、发展与转归中的重大科学问题。转化医学国家重大科技基础设施（四川）是全国首个生物治疗转化医学国家重大科技基础设施，也是继转化医学国家重大科技基础设施（上海）后启用的全国第二个转化医学国家级大设施。该设施于2018年8月正式动工，2021年7月正式启用，重点建设生物制剂筛选、生物制剂制备、临床转化验证和支撑技术平台4个转化研究平台，构建相互关联、高度综合集成的生物治疗转化医学研究体系。转化医学国家重大科技基础设施（北京协和）主要针对人口老龄化问题日益严重、心脑血管疾病持续高发且危害巨大、疑难杂症诊治困难等现状，以及在早期防控和精准诊治等方面所面临的重大科学问题，包括致病因素复杂、早期准确诊断困难、个体差异显著、现有治疗方法和技术有限等。

第三章　重大科研基础设施开放共享成效

一、支撑前沿科学突破与发现

在重大科研基础设施的支撑下，我国前沿科学突破与发现不断涌现，相关科学领域研究团队快速成长，重大科研基础设施作为国际化前沿科学研究平台的影响力与支撑能力逐步提升。

依托重大科研基础设施，我国在快速射电暴捕获、暗物质探测、强物质微观结构分析等前沿科学研究中取得了一系列世界级突破，有力推动了空间天文、粒子物理、材料科学等相关学科领域的发展。

FAST推动我国快速射电暴等前沿科学研究快速跨入世界前列。FAST是继承和超越美国阿雷西博望远镜的全球最大射电望远镜。2020年底，阿雷西博望远镜坍塌，FAST承担起更为重要的责任。2021年3月，FAST正式向全球开放共享，向全球天文学家征集观测申请，最终14个国家（不含中国）的27份国际项目获得批准，并于2021年8月启动科学观测。基于FAST的观测，科研团体取得了多项重大发现。例如，快速射电暴（Fast Radio Burst, FRB）是一种持续仅数毫秒的神秘射电暴发现象，是目前观测天文学领域的研究热点和前沿。FAST具有的大口径和高灵敏度特性赋予其强大的FRB捕捉能力，成为FRB研究的重要支撑。2020年5月，中国科学院国家天文台科研人员借助FAST发现了1例高色散FRB。2021年2月，FAST再次捕获3例高色散FRB，有效地将FRB样本扩展至红移–亮度覆盖区域，同时有效验证了具有高灵敏度的FAST在FRB研究中的巨大潜力（图3-1）。2020年11月，来自北京大学、北京师范大学等的国内外研究人员在高强度射电辐射的辐射机制和快速射电暴来源天体两个 FRB 关键问题上取得了重要进展，初步验证了 FRB 起源于中心天体磁层内部和 FRB 与磁星间存在更弱相关性两项假设。上述成果的取得使我国相关科研团队快速成为国际上进行 FRB 研究的核心力量。此外，科学家通过"中国天眼"FAST 发现了迄今为止唯一持续活跃的重复快速射电暴 FRB 20190520B，并将其定位于一个距离我们 30 亿光年的矮星系。这一发现对于更好地理解快速射电暴这一宇宙神秘现象具有重要意义。中国科学院国家天文台利用 FAST 发现了 1 个尺度大约为两百万光年的巨大原子气体系统，这是迄今为止在宇宙中探测到的最大原子气体系统。该成果于 2022 年 10 月在 *Nature* 期刊上发表。这项发现预示着宇宙中可能存在更多这样大尺度的低密度原子气体结构，对研究星系及其气体在宇宙中的演化提出了挑战。

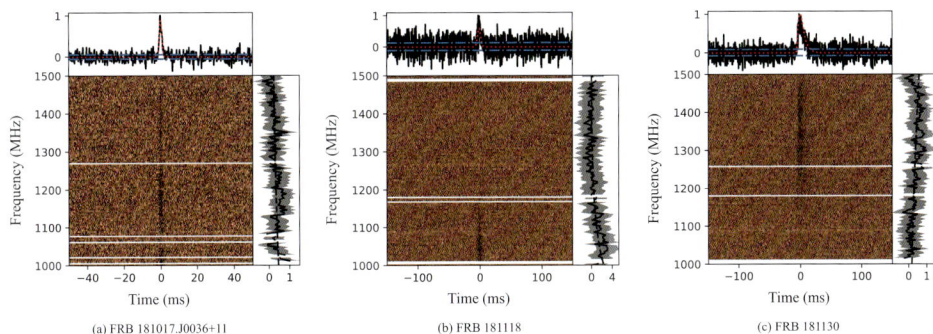

(a) FRB 181017.J0036+11   (b) FRB 181118   (c) FRB 181130

图 3-1　FAST 发现的 3 例高色散 FRB

子午工程支持人类首次发现"太空台风"。子午工程是面向我国自主空间环境保障的综合性、跨区域大型地基空间环境监测网络，主体是子午线附近，北起漠河、中经北京、南延至南极中山站的 15 个监测台站。子午工程南极中山站高频雷达建成于 2010 年，并于当年加盟了国际超级双极光雷达网（SuperDARN）国际组织，与所有 SuperDARN 的雷达实现了数据的准实时共享，在空间与天文科学研究中具有重要地位。2021 年

2月，山东大学科研团队借助南极中山站高频雷达等设施提供的观测数据，首次揭示了地球极区电离层与磁层中的"太空台风"（Space Hurricane）现象及其形成机制，表明在极端平静的地磁条件下，极区仍可能存在堪比超级磁暴活动时的局地剧烈地磁扰动和能量注入现象（图3-2）。该发现更新了人们对太阳风—磁层—电离层耦合过程的认识，引起了全球范围内学术界的关注。

图3-2 "太空台风"极光

暗物质和暗能量研究已经成为现代科学中最重要的问题之一，是重大基础前沿研究课题，也是我国着力从"并跑"跨入"领跑"的前沿科学领域之一。中国锦屏地下实验室及相关装置具有国际一流的实验条件，是我国和世界暗物质探测的重要平台。2021年7月，中国锦屏地下实验室的液氙直接探测实验（PandaX）组发布了首个暗物质搜寻结果。该结果基于PandaX-4T装置的95天试运行数据，以0.63吨年的曝光量再次刷新了暗物质性质的边界值，进一步巩固了我国暗物质研究的国际先进地位。

大天区面积多目标光纤光谱天文望远镜（LAMOST）大幅拓展人类的高速星研究规模。LAMOST是我国自主创新的、世界上口径最大的大视场兼大口径及光谱获取率最高的望远镜。高速星是运行速度大幅超过恒星平均运行速度的一类稀有恒星，其可以帮助人们理解银河系结构等诸多重要问题，具有很高的研究价值。2020 年 12 月，中国科学院国家天文台基于 LAMOST 和欧洲盖亚空间望远镜（Gaia）的观测数据发现了 591 颗高速星（图 3-3）。这是自 2005 年第一颗高速星被发现以来，一次性捕获高速星最多的研究工作，将人类历时 15 年使用多个望远镜发现的高速星样本总量倍增至 1100 颗以上，极大地扩充了人类的高速星样本规模。

图 3-3　基于 LAMOST 与 Gaia 发现的 591 颗高速星

高能宇宙射线是近年来发展迅速的高能物理和天体物理的交叉领域，是目前国际竞争激烈的前沿热点。高海拔宇宙线观测站 (LHAASO) 是世界上海拔最高、规模最大、灵敏度最强的国际领先的宇宙射线探测装置，其核心科学目标是探索高能宇宙线起源及相关的宇宙演化和高能天体活动，以及寻找暗物质和搜索宇宙伽马射线源等（图 3-4）。作为一项国际合作项目，LHAASO 由来自中国、法国、意大利、俄罗斯、瑞士及泰国的科学家共同参与。2021 年 5 月，借助 LHAASO，科研人员在银河系内发现大量超高能宇宙加速器，并记录到能量达 1.4 拍电子伏的伽马光子。2021 年 7 月，LHAASO 研究团队给出了高能天文学标准烛光的精确测量值，在更广的能量范围内为超高能伽马光源测定了新标准。相关观测与研究结果不仅确认了德国、法国、西班牙等国家观测台站近几十年的观测结果，更重要的是首次对 300 万亿～1100 万亿电子伏的超高能区进行了精确测量，并且为该能区的标准烛光设定了亮度标准。

图 3-4　高海拔宇宙线观测站

依托兰州重离子加速器、北京正负电子对撞机等重大科研基础设施，我国相关领域科研团队迅速成长。

依托兰州重离子加速器，中国科学院近代物理研究所团队取得了以新核素合成、短寿命原子核质量测量、重离子肿瘤治疗等为代表的一批科技创新成果（图 3-5）。例如，新核素合成具有重要的学术价值和广阔的应用前景，是核物理研究的一个前沿领域。2020 年 7 月，中国科学院近代物理研究所研究人员利用兰州重离子加速器的 SHANS 装置，首次合成了半衰期为 380 纳秒且具有 α 放射性的 Np 新同位素核 $222Np(N=129，Z=93)$，极其接近该类装置在短寿命核素研究中所能达到的极限。相关成果于 2020 年 7 月发表于 *Physical Review Letters*，同时以"首次合成近质子滴线百纳秒寿命超铀新核素 222Np"入选 2020 年度"中国十大重大科学进展"。

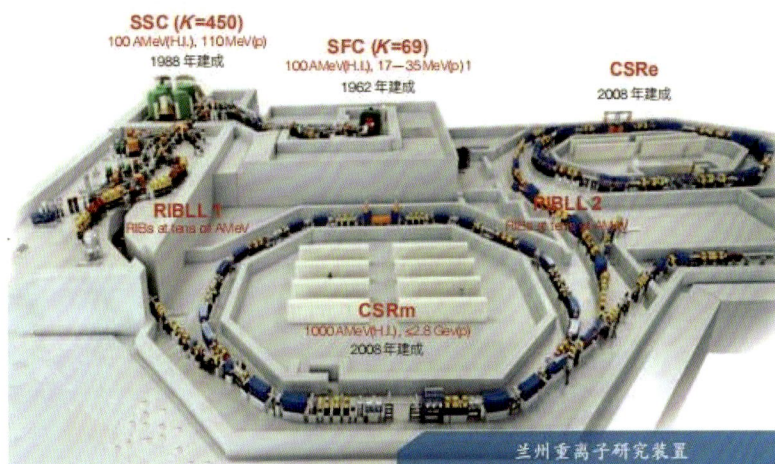

图 3-5　兰州重离子加速器装置

北京正负电子对撞机支撑国内学者取得强物质微观结构的里程碑性发现。北京正负电子对撞机于 1989 年建成，2008 年进行升级后成为工作在粲物理能区的最好加速器，是我国和世界范围内粲物理研究的重要基础设施（图 3-6）。北京正负电子对撞机收集的数据总量庞大，通过国际合作组共享给多国科研人员。利用该设施产出的科研数据，科研合作组已发表了 500 余篇高水平科研论文。2013 年，中国科学院高能物理研究所科研人员利用该设施发现了一个四夸克态，被 *Physics* 评为国际物理领域当年最重要的成果。2021 年 3 月，通过分析北京谱仪Ⅲ在 2020 年采集的对撞数据，中国科学院大学和兰州大学联合研究团队在含有奇异夸克的粲介子衰变末态中发现了四夸克粒子 Zcs(3985) 的信号，并确认其必然包含至少 4 个夸克。这是国际上首次发现含有奇异夸克的隐粲四夸克粒子 Zcs 信号，相关成果发表于 *Physical Review Letters*。2022 年，国际合作组依托北京正负电子对撞机开展的北京谱仪Ⅲ实验，完成了世界上最精确的正反科西超子衰变参数和不对称性测量，为正反物质不对称性的探索开创了新的实验方法，相关研究成果在 *Nature* 上正式刊发。

图 3-6　北京正负电子对撞机改造工程

　　全超导托卡马克核聚变实验装置推动我国研究人员在热核聚变领域取得多项突破性进展。2020 年 4 月，中国科学院合肥物质科学研究院研究团队在面向稳态托卡马克聚变堆改善高极向比压等离子体约束性能研究中取得突破性进展，首次在 EAST 上发现了高密度梯度有助于增强高极向比压下的 Shafranov 致稳效应，进一步改善了等离子体能量约束，提高了自举电流份额。2021 年 8 月，大连理工大学研究团队基于 EAST 完成了多物理量条件下误差场锁模定标的物理规律研究，解释了在 J-TEXT 装置上得到的误差场锁模密度定标结果，发现了传统误差场锁模定标理论在非线性物理机制上的错误，提出了新的物理机制理论并通过大规模计算机模拟进行了验证，推动了大型核聚变装置误差场锁模研究。该成果入选 2021 年中国科学院重大科研基础设施"面向世界科技前沿类"重大成果。

　　"科学号"海洋科考船支撑我国海洋科学研究不断取得新发现。"科学号"海洋科考船具有全球航行能力及全天候观测能力，是国内综合性能最先进的科考船（图 3-7）。自 2012 年 9 月建成交付以来，"科学号"海洋科考船顺利完成了西太平洋热液调查、南海中南部地球物理调查等国家大型海洋科学考察航次任务，取得了高精度深海极端环境信息采集等一系列重要科研成果，成功开展了深海原位观测和现场实验，在国内外引起广泛关注。2021年6月，"科学号"海洋科考船完成首个高端用户共享航次，在目标海域获得大量科学发现，并进行了多台（套）国产自主研发设备的海试工作，圆满完成了"在海底做实验"的任务。该航次实现了海底群落生物标志识别等多项自主关键技术的突破，所取得的数据和样品将有力支持深海黑暗食物链组成、深海碳源碳汇通量、生命起源等重大科学问题的研究。此外，2020—2021年，基于"科学号"海洋科考船获取的资料，仅中国科学院海洋研究所所属研究团队就在国际学术期刊发表论文40余篇，在生命起源探索、新物种识别、物种进化、海洋地质等研究领域取得了重大突破。

图3-7 "科学号"海洋科考船

脉冲强磁场、国家蛋白质科学中心等重大科研基础设施作为国际前沿科学研究平台的影响力进一步扩大。脉冲强磁场实验装置（PHMFF）是世界四大脉冲强磁场科学中心之一，主要支撑凝聚态物理、材料、磁学、化学、生命与医学等领域的科学研究。截至2021年底，该设施已累计运行65 593小时，为北京大学、清华大学、中国科学院物理研究所、哈佛大学、剑桥大学、德国德累斯顿强磁场实验室等 106 个国内外科研单位提供科学研究服务 1480 项，在 *Nature*、*Science*、*PRL* 等期刊发表论文 1194 篇，取得了包括发现第三种规律新型量子振荡等在内的一大批原创成果，同期成果产出优于美国、德国同类设施，推动了我国相关领域前沿科学研究的发展。2020—2021 年，国内外学者基于该设施先后在 *Nature Communications* 等期刊发表论文 29 篇。2021 年 7 月，*Nature Communications* 在线刊发了国家脉冲强磁场科学中心与清华大学联合研究团队在超强磁场下陈绝缘体拓扑相变方面取得的重要进展。研究人员利用脉冲强磁场下微纳器件输运测量技术，首次在 61T 超强磁场下开展了陈绝缘体演化规律研究。

上海软 X 射线自由电子激光装置（SXFEL）推动外种子自由电子激光研究取得突破。SXFEL 于 2021 年投入运行，是我国自主建设的第四代光源，也是继德国的 DESY 和意大利的 FERMI-FEL 之后的第三台软 X 射线自由电子激光装置，具有国际先进的性能指标。2021 年 5 月，中国科学院上海高等研究院等单位的研究人员在外种子自由电子激光研究方面取得重要进展，研究提出了一种相干能量调制自放大机制理论，并基于 SXFEL 完成了实验验证。研究表明，这一新机制可降低外种子自由电子激光对外种子激光的功率需求，解决外种子自由电子激光通往高重复频率运行的问题。

国家蛋白质科学中心支撑国内外学者取得重要成果。2021 年，由美国加州大学洛杉矶分校和中国科学院上海有机化学研究所组成的周环酶（Pericyclase）国际联合研究团队，获得了英国皇家化学会 2021 年度奖项，表彰其取得的可能推动领域发展的突破性成果。国家蛋白质科学研究（上海）设施 BL18U1 线站及 BL19U1 线站为相关研究成果提供了高质量的数据服务。

我国天地联合观测到迄今最亮伽马射线暴，打破多项纪录。2022 年 10 月 9 日 21 点 17 分（北京时间），高海拔宇宙线观测站（LHAASO）、高能爆发探索者（HEBS）和慧眼卫星同时探测到迄今最亮的伽马射线暴。在本次观测中，LHAASO 将伽马射线暴光子最高能量纪录提升了近 20 倍，在国际上首次打开了 10 TeV 波段的伽马射线暴观测窗口，与慧眼卫星和 HEBS 一起发现此次射线暴比以往人类观测到的最亮伽马射线暴亮了 10 倍以上，观测结果打破多项伽马射线暴观测的纪录，对于揭示伽马射线暴的爆发机制具有重要价值（图 3-8）。

图 3-8　慧眼卫星和极目空间望远镜观测迄今最亮的伽马射线暴

二、抢占战略高技术发展先机

重大科研基础设施技术溢出效应大幅提升，催生一批新技术、新产品，开拓新兴交叉领域，成为促进战略性高技术产业发展的科技创新驱动力，为国民经济和社会发展提供了科技支撑。

上海同步辐射光源支撑"极紫外光刻胶"成功研制。极紫外光刻技术是目前世界半导体领域竞相发展的下一代光刻技术。极紫外光刻胶及其制备是其关键材料和核心子技术，是目前主要由美国、日本掌握的"卡脖子"技术和材料。基于同步辐射的极紫外干涉光刻技术是目前最适合开展的一种用于极紫外光刻胶性能检测的方法。在上海同步辐射光源的大力支持下，中国科学院化学研究所和中国科学院理化技术研究所联合成功研发出具有国际先进水平和完全自主知识产权的"极紫外光刻胶"，实现了从材料设计到中试生产的全流程，填补了国内技术空白，标志着我国在高端光刻胶领域已跻身世界先进行列，为国内半导体产业安全、国家经济安全和信息安全提供有力保障。该成果入选 2020 年"科创中国"先导技术榜单，成为先进材料领域 10 项先导技术之一。

中国散裂中子源推动国产医学放射装备和新材料研发。中国散裂中子源于 2018 年建成并投入开放运行，是中国物质科学、生命科学、资源环境、新能源等方面基础研究和高新技术研发的重要平台。自运行以来，中国散裂中子源先后支持国内外科研人员完成了 300 余项研究课题，在 *Science*、*Nature Communications* 等期刊发表 50 余篇学术论文，为材料科学、化学化工、资源环境等领域的科技创新做出了重要的贡献。2020 年 8 月，中国科学院高能物理研究所东莞研究部成功研制出我国首台自主研发加速器硼中子俘获治疗（BNCT）实验装置。这是利用中国散裂中子源及其相关技术催生的首个产业化项目，装置的成功研制为我国医用 BNCT 装置整机国产化和产业化奠定了技术基础，将为我国肿瘤治疗带来重要的技术革新。2020 年 5 月，香港大学和美国劳伦斯伯克利国家实验室联合研究团队成功突破超高强钢的屈服强度 - 韧性组合极限，获得同时具备极高屈服强度（约 2 GPa）、极佳韧性（102 MPa·m½）、良好延展性（19% 的均匀延伸率）的低成本变形分配钢。研究团队利用中国散裂中子源提供的中子衍射手段，精确获得奥氏体相的体积分数和位错密度等微观参数，提出高屈服强度诱发晶界分层开裂增韧新机制。此项突破性研究发

表于 *Science* 期刊。

中国先进研究堆推动钠离子电池技术发展。中国先进研究堆是我国自主研发、设计和建造的高性能、多用途、安全可靠的核反应堆置，其性能指标居世界前列，是我国核科学研究和核能开发应用的重要实验平台，在中子活化分析、放射性同位素生产及单晶硅中子掺杂等方面发挥着重要作用。2021 年 7 月，中国原子能科学研究院的研究人员依托该设施，在钠离子电池材料研发中取得重要进展。研究发现 3d 过渡金属层状氧化物作为钠离子正极材料时表现出良好的结构稳定性，并可以通过元素掺杂进一步增强稳定性，实现性能调控并改善电池的循环寿命。研究结果不仅为高性能层状氧化物正极材料的设计和优化提供新思路，也表明中子衍射技术能够为钠离子电池材料研发提供关键数据和技术支撑。相关研究成果先后发表于 *Chemical Engineering Journal*、*Applied Energy Materials*、*Applied Materials& Interfaces*。

合肥同步辐射装置推动锂基储能、海水提铀、合成氨和合成尿素技术取得突破。合肥同步辐射装置是工作于低能端的第二代光源，在软 X 射线和真空紫外波段方面具有优势，是材料学、电化学和光学等领域相关研究的重要平台。2020—2021 年，合肥同步辐射装置支撑国内外研究者在新能源等领域取得了多项关键技术突破。2020 年 7 月，中国科学技术大学研究团队利用合肥同步辐射装置的软 X 射线吸收谱表征手段，发现了"碳 - 磷共价键的形成是提高黑磷电化学反应能力的关键主导因素"，形成了"黑磷复合材料的'界面重构'实现高倍率高容量锂存储"研究成果。研究形成的"固体界面共价键合"的结构设计策略，为"基于已有电化学体系提高电极倍率性能、解决电池能量密度和功率密度相互掣肘"的难题提供了全新的思路。相关研究于 2020 年 10 月发表在 *Nature* 上，为国内外媒体广泛报道并入选 2020 年度"中国高等学校十大科技进展"。2021 年 4 月，由上海大学等单位组成的联合研究团队成功实现了真实海水百克量级的铀提取，在海水提铀技术及工程化过程中取得重要进展。联合研究团队利用合肥同步辐射装置的光电子能谱实验线站和软 X 射线磁性圆二色实验线站（BL12B），通过光电子能谱和同步辐射软 X 射线吸收谱开展吸附机制研究，研发了以 PE/PP 纤维、UHMWPE 纤维及 UHMWPE 双向拉伸膜为基材的高吸附容量、长使用寿命的吸附材料，解决了海水提铀材料工程化过程中存在的诸多关键科学和工程问题，实现了重要的技术突破。2021 年 11 月，由新加坡南洋理工大学和国家同步辐射实验室组成的联合研究团队，依托合肥光源红外谱学与显微成像线站开展研究，提出了电催化还原二氧化碳与硝酸盐合成尿素的新方法，在现实环境条件下实现了 NO_3^- 与 CO_2 的电化学耦合，并在 {100} 暴露面的氢氧化铟上实现了高选择性的尿素合成。该研究对源自 NO_3^- 和 CO_2 的直接 C-N 偶联提供了新的见解，为开发更可持续的化学方法奠定了理论基础，促进了该领域的发展。

三、保障民生福祉和国家安全

兰州重离子加速器推动重离子治癌的产业化发展。重离子以其独特的深度剂量分布和高水平的相对生物学效应，被认为是 21 世纪最理想的放疗用射线。中国科学院近代物理研究所从 1993 年起利用兰州重离子加速器提供的中能重离子束开展重离子束辐射生物学效应及其机制研究，并与兰州军区兰州总医院和甘肃省肿瘤医院合作，先后开展了多批次的肿瘤临床治疗前期试验研究，取得了良好效果。2018 年，中国科学院近代物理研究所依托兰州重离子加速器先后建成浅层和深层治疗肿瘤终端，临床试验治疗肿瘤研究取得了显著疗效，使中国成为继美国、德国、日本之后世界上第四个实现利用重离子治疗肿瘤的国家。2020 年 3 月，我国首台拥有自主知识产权的"碳离子治疗系统"在武威投入临床应用，截至 2021 年 6 月已经治疗病患 300 余名，疗效显著。"碳离子治癌研究及大型肿瘤治疗装置研发与产业化"项目获得首个甘肃省科技进步奖特等奖。

中国散裂中子源（CSNS）白光中子束线完成"嫦娥七号"重要载荷——中子伽马谱仪标定实验。2022 年 11 月 16—18 日，中国科学院紫金山天文台团队在中国散裂中子源反角白光中子束流线上开展了"嫦娥七号"重要载荷——中子伽马谱仪的中子标定实验。中国散裂中子源白光中子实验终端具有中子能谱宽、中子通量高的特点，并通过高精度中子飞行时间测量提供精确的中子能量，是国内唯一可开展类似实验的束线，为"嫦娥七号"中子伽马谱仪刻度提供了良好的测试条件。

上海同步辐射光源推动新冠病毒研究，为抗击疫情做出科技贡献。中国科学院上海高等研究院依托上海同步辐射光源，在国际上率先解析了新冠病毒主蛋白酶三维结构，揭示了一批中西药的作用机制，鉴定并创制靶向新冠刺突蛋白 S 和受体结合域 RBD 的一系列中和单克隆抗体，形成抗病毒"鸡尾酒"中国抗体组合方案。

中国遥感卫星地面站（简称"地面站"）在自然灾害应急抢险等方面发挥了重要作用。地面站是国家重大遥感需求的核心服务力量，先后为国家西部测图工程项目、全国土地大调查项目、环渤海湾油污染监测项目、全国生态环境质量评价项目、全国地面沉降 InSAR 监测项目等国家重点和重大科技项目、工程与行动提供高质量的数据支持与服务。地面站的规模体量和卫星任务接收数量均位居世界民用卫星地面站的前列，是我国空间科学卫星产出高水平成果的重要保障力量。截至 2021 年底，地面站先后成功实现了"悟空""墨子""慧眼""太极一号""吉林一号"高分系列等 32 颗卫星数据的接收、处理与分发服务，为我国遥感事业发展提供了重要和关键的支撑。地面站在我国重大自然灾害监测和处置中发挥了重要的支撑作用。从 1987 年大兴安岭火灾、1998 年特大洪水、2008 年汶川地震、2010 年玉树地震和南方洪水、2013 年四川雅安地震、2017 年四川九寨沟地震及西藏林芝地震，到 2020 年夏季长江流域防洪和 2021 年河南特大暴雨洪灾，地面站均在第一时间为救灾和灾害监测提供了及时的数据保障与信息支持。2021 年 5 月云南省大理州漾濞县、青海省果洛州玛多县先后发生 6.4 级地震和 7.4 级地震后，地面站立即启动应急响应，综合调度多颗卫星的灾区观测接收任务并加工了 180 GB 的 RTU（Ready to Use）数据产品供抢险救灾使用，同时在国家综合地球观测数据共享平台发布"2021 年云南和青海地震灾害数据专题服务"进行社会化共享。2021 年河南特大暴雨后，地面站于次日快速加工并提供了包括高分三号卫星 L1 级数据在内的总量达 15.7 GB 的灾情数据，同时在国家综合地球观测数据共享平台逐日更新，为救灾和灾后重建提供了及时有效的数据支撑（图 3-9）。

图 3-9　中国遥感卫星地面站为 2021 年河南特大暴雨灾害提供应急数据保障

此外，地面站在遥感支撑海事监管的过程中发挥了关键作用。快速发展的中国海洋事业对海事监视监测提出了更高的要求，卫星遥感已经成为成效显著和发展迅速的新技术手段。地面站作为卫星遥感数据的加工和直接服务提供者，先后为 2013 年的"达飞·佛罗里达"轮碰撞溢油事故、2014 年的"华顺 88"轮与"关东之星"轮碰撞溢油事故、2018 年的"桑吉"轮碰撞燃爆事故、2019 年的"太行 118"轮非法排放洗舱水事故等 30 余起船舶污染事故提供了应急监视，有力支撑了我国卫星海事监管的发展。此外，地面站还在海面异常情况及事故处置、近海养殖、海冰灾害防抗等方面发挥了重要作用。

长短波授时系统（BPL/BPM）有力支撑我国航天事业发展。长短波授时系统建于 1987 年，具有世界先进的百万分之一秒授时精度，是承担我国标准时间、标准频率发播任务的基础性、公益性基础设施。该系统运行以来，为我国国民经济发展、国防建设、国家安全等诸多行业和部门提供了可靠和高精度的授时服务，特别是在近年来我国航天事业的快速发展中发挥了重要支撑作用。该系统支撑北斗系统运行，2015 年国家授时中心建成了我国第一套全面、实时连续运行的全球卫星导航系统时差监测和授时性能评估系统，全面开展全球卫星导航系统时间监测和服务性能评估工作，有力支撑北斗系统的建设和运行。该系统支撑国家航空航天事业发展，从 1970 年"东方红一号"卫星发射到 2020 年"天宫二号"交会对接、2021 年"神州十三号"载人飞船升空，该系统为地面测控站和数据处理中心的高精度时间测量和时间同步提供了基础支持。

四、推动高水平国际科技合作

随着科学目标的提升和资源投入的增大，重大科研基础设施已经成为高水平国际科技合作的重要物质支撑。近年来，我国依托重大科研基础设施的国际科技合作已经超越了传统的机时、数据共享和合作研究范畴，依托国内重大科研基础设施积极参与国际大科学计划和工程，主动参与全球重大科研基础设施治理，提出中国倡议和中国计划，增强合作创新能力，提升我国在全球科技创新领域的核心竞争力和话语权，成为当前重大科研基础设施国际合作的新常态。

在全球科研基础设施治理与合作中发出中国声音。我国是全球研究基础设施高官会议（简称"GSO会议"）的发起国，通过GSO会议积极参与科研基础设施全球治理。全球研究基础设施高官会议始于2008年6月，成员包括G7国家、金砖五国、澳大利亚、墨西哥和欧盟，是目前全球科研基础设施治理的重要机构。第14次GSO会议于2019年12月在上海召开，这是GSO会议首次在亚洲举办，也是我国首次主办这一会议。会议讨论修改了《全球研究基础设施框架准则》，首次研究讨论了GSO会议的未来发展，在进一步推进全球科研基础设施建设合作等方面达成了广泛共识。

我国积极参与金砖国家研究基础设施和"大科学"项目工作组，推进设施开放共享合作。工作组是金砖国家科技创新部长框架下的工作议事机构，旨在推动金砖国家研究基础设施建设管理政策交流，搭建金砖国家研究基础设施共享网络，推进金砖国家研究基础设施共享合作。第3次金砖国家设施及大科学项目工作组会议与第14次GSO会议召开，中国、俄罗斯、巴西、南非的代表参加了会议。与会各国介绍了本国科研基础设施建设政策制度，提出了金砖国家共享的科研基础设施清单，研讨了金砖国家研究基础设施门户网站设计，提出了拟纳入金砖创新系统框架下支持研究基础设施建设的项目建议等。

我国借助国际合作平台发起"以我为主"的国际合作倡议和计划。我国聚焦核聚变、粒子物理、天文、地球科学等前沿领域，借助GSO会议和金砖国家设施及重大科学项目工作组会议等国际平台，发起"以我为主"的国际合作倡议和计划。在核聚变领域，推动全超导托卡马克核聚变实验装置（EAST）纳入了 GSO 案例研究，设立"2020 年金砖国家聚变周"。EAST 是我国自行设计研制的国际首个全超导托卡马克装置，其建设和运行可为 ITER 和中国聚变工程实验堆（CFETR）提供直接经验。在粒子物理领域，支持中国锦屏地下实验室（CJPL）发起全球地下实验室"锦屏论坛"。中国锦屏地下实验室是目前世界上岩石覆盖最深、地下空间最大的研究设施。依托该实验室开展的暗物质直接探测实验、低本底测量装置等科学研究，吸引了国际极深地下实验室同行的极大关注。中国锦屏地下实验室在第 14 次 GSO 会议上发起了全球地下实验室"锦屏论坛"，深化与美国的杜赛尔地下实验室、意大利的格兰萨索国家地下实验室等全球地下实验室的交流合作，为进一步吸引全球人才、推动粒子物理和核物理领域大科学合作搭建了新平台。在天文领域，中国科学院国家天文台依托 500 米口径球面射电望远镜（FAST）、大天区面积多目标光纤光谱天文望远镜、"天籁"望远镜等设施，在第 3 次金砖国家设施及大科学项目工作组会议上提出了"金砖五国智慧望远镜网络"行动计划，拟联合南非 MeerKAT、SALT 望远镜等金砖国家天文设施，共同开展银河系及河外星系特征等的联合观测，加强金砖国家在海量天文大数据处理及数值模拟方面的联合研究。在地球科学领域，中国生态系统研究网络（CERN）联合美国国家生态观测站网络（NEON）、欧洲长期生态学研究网络（LTER-Europe）、南非环境观测网络（SAEON）等，共同发起全球生态系统研究基础设施（GERI）建设，进一步提出了围绕大陆及全球尺度生态系统及其对全球变化的响应开展联合观测和科学研究，联合研究制订观测数据共享标准等工作计划，为全球生态环境保护、资源合理利用等提供科学数据和决策依据。

依托设施推进国际科技合作迈向新台阶。依托重大科研基础设施的参与建设、合作研究及交流研讨等方式，拓展了我国科技创新合作网络，形成长效的国际合作机制。在设施建设方面，组建国际咨询委员会或类似机构，充分吸纳国际领域科学家为设施建设提供支持。例如，中国锦屏地下实验室将国际物理学家吸纳入国际咨询委员会，为实验室的定位、建设、运行、管理、项目遴选、国际学术交流与合作等方面提供战略咨询、指导和意见；在稳态和脉冲强磁场建设过程中，组建国际咨询委员会，聘请资深外国专家作为科技顾问为装置建设和运行管理提供建议。

在合作研究项目方面，我国积极参与国际计划，开展国家间科研合作。例如，依托国内托卡马克装置参与国际热核聚变实验堆计划研究，国际热核聚变实验堆计划是仅次于国际空间站的世界第二大国际科研合作项目，其目的是建造世界最大的核聚变装置，由中国、欧盟、美国、日本、俄罗斯、韩国、印度七方联合实施。依托 500 米口径球面射电望远镜（FAST）与美国的 GBT、澳大利亚的 Parkes 望远镜等建设了原创的"多科学目标同时巡天"（Commensal Radio Astronomy FAST Survey，CRAFTS）模式，数倍提升了 FAST 的巡天效率。依托精密测量试验设施，与莫斯科大学开展"地面与空间高精度引力实验新方法研究"和"地面引力实验中理论与实验的相关问题研究"国际科技合作项目，与英国开展"基于微流控系统的透射型太赫兹数字超材料研究及实验验证"等国际科技合作项目。中国锦屏地下实验室参加 PIRE-GEMADARC 合作组（美国国家科学基金会支持的国际研究和教育伙伴计划），共同推进利用高纯锗技术寻找暗物质、无中微子双贝塔衰变和其他稀有物理过程研究；中国锦屏地下实验室参加了 LEGEND 合作组，与意大利、美国等国的科学家共同开展高纯锗探测器技术及锗材料同位素纯化工作，推动大规模国际合作。

在组建国际团队方面，依托强磁场装置，组建"强磁场下材料物理与生命科学前沿问题""强磁场下稀土铁氧体晶体和异质结的超快光磁研究""国际磁生物学前沿研究"等创新国际团队；依托中国锦屏地下实验室，清华大学等 8 家高校院所与台湾"中央研究院"、多库兹爱吕尔大学（土耳其）、贝拿勒斯印度大学（印度）等 11 家单位组成中国暗物质实验（CDEX）合作组；由上海交通大学牵头，联合美国的马里兰大学、法国的 CEA Saclay 和西班牙的 Zaragoza 大学成立粒子和天体物理氙探测器（PandaX）实验组；清华大学、中山大学与加拿大的皇后大学、美国的布鲁克海文国家实验室和马里兰大学、德国的德累斯顿工业大学和美因兹大学、捷克的查尔斯大学等共同成立锦屏中微子实验组。

在国际学术研讨方面，中国锦屏地下实验室发起的全球地下实验室"锦屏论坛"已经形成由国内学术论坛、国际专家报告、国际学术论坛等组成的国际学术品牌，相继举办"强磁场下的科学研究""强磁场下科学问题国际会议""国际磁科学会议"等一系列具有较大影响力的国际会议 9 次；经常与美国强磁场实验室、荷兰强磁场实验室、日本强磁场实验室等互访，参加全球强磁场论坛年会等。随着代表国际先进水平的 5 台水冷磁体、1 台混合磁体陆续建成并投入运行，我国稳态强磁场装置受到世界的广泛关注。国际会议的召开进一步提高了其国际知名度和影响力。稳态强磁场装置先后举办了"生物大分子核磁共振研究生暑期学校""中德高场磁共振成像研讨会""磁性斯格明子专题国际研讨会""国际精准医疗研讨会""2019 强磁场磁光研讨会"等多学科国际专题研讨会，2019 年承办了"第八届国际磁科学会议"。

在国际合作组织方面，将依托交通运输部天津水运工程科学研究院大比尺波浪水槽推动建立国际大水槽联盟，建立了多国参与、设施共享、能力互补的技术交流平台，推动相关技术在联盟内国家示范应用，提升我国水运工程技术标准的国际化水平。国家汽车整车风洞中心（上海）是同济大学与德国斯图加特大学合作建设的我国第一个整车气动声学风洞和整车热环境风洞，该风洞成为亚音速空气动力测试协会（SATA）的首家中国会员。依托强磁场设施，我国加入世界强磁场科学论坛联盟并成为理事单位。2022 年 2 月，江门中微子实验（JUNO）召开了第 21 次国际合作组大会。来自中国、俄罗斯、德国、比利时、泰国、英国、捷克等 10 个国家和地区的 40 多家高校和科研院所的 200 余名科研工作人员到开平参加会议，会议批准成都理工大学和安德烈斯贝洛大学正式加入 JUNO 合作组，截至目前共有来自 18 个国家和地区的 75 家高校和科研院所成为合作组成员单位。

五、开放共享水平显著提升

随着设施开放共享管理体制机制的不断完善与健全，我国重大科研基础设施的开放共享水平持续提升，2018—2022 年开展的中央级高等学校和科研院所等单位重大科研基础设施和大型科研仪器开放共享评价考核表明其呈现明显的逐年提升态势。

涌现了上海同步辐射光源等一批开放共享服务典型。上海同步辐射光源广泛服务国内外科研人员，助推形成了一大批具有国际影响力的成果。自 2009 年的首轮 7 个线站面向社会开放后，国内外研究人员已经利用该设施取得了一批重要科研成果。目前，上海同步辐射光源的 13 线 14 站已全部对外开放，90% 以上机时供外部用户使用，光源的开放共享率、利用率和成效实现了同比大幅增长，在全国位居前列。截至 2020 年底，上海同步辐射光源累计提供实验机时 35 万小时，执行课题 12 887 个，为来自全国 510 家单位的研究人员提供了 5 万多人次服务，共支持了 6000 余篇 SCI 论文的发表。

国家汽车整车风洞中心（上海）通过开放共享有力支持了国内汽车和

高铁行业的发展。同济大学国家汽车整车风洞中心（上海）是我国第一个具有国际一流水平的公共性汽车和轨道车辆风洞平台。自 2009 年投入使用以来，该中心为吉利、长城、起亚等国内外汽车厂商的自主研发提供了有效服务。2019 年，该中心服务企业 35 家，完成测试服务机时数为 4243 小时，完成试验项目 570 项，测试车辆共计 606 辆，设施的利用率处于较高水平。目前，该中心的对外开放共享率已经超过 97%，服务对象已从国内少数整车企业拓展到国内外主要汽车整车、零部件企业和主要高铁企业。

大天区面积多目标光纤光谱天文望远镜（LAMOST）面向全球开放数据，为前沿探索提供中国支撑。2022 年 9 月，包含 LAMOST 先导巡天及正式巡天前 8 年光谱数据的 LAMOST DR8（v2.0 版本）数据集对全世界公开发布。国家天文科学数据中心首次联合欧洲空间局 ESASky 数据平台同步上线该数据集，以方便国际科学家浏览查询。DR8 数据集（v2.0 版本）中包括 1660 万条光谱和 791 万组的恒星光谱参数星表。目前，LAMOST 继续保持发布光谱数和恒星参数星表总数国际第一的地位。

FAST 面向全球开放机时，有效提升我国在天文领域的影响力。FAST 是目前世界单一口径最大和灵敏度最高的射电望远镜，自 2020 年投入运行以来，FAST 支持国内学者取得了一大批重要发现，受到了国内外天文领域学者的普遍关注。2021 年 3 月，FAST 以征集观测申请的方式向全球开放观测机时。截至 2021 年 7 月，FAST 共收集 30 余份 800 个机时左右的申请，对其中近一半的申请给予了支持。FAST 开创了我国大科学设施面向全球开放的新模式，不仅表达了我国推动人类科学进步的美好愿望，也有效提升了我国在世界天文领域的影响力。

北京同步辐射装置（BSRF）课题与用户分布广泛。2021 年 7 月 2 日至 7 月 30 日、2021 年 10 月 5 日至 11 月 6 日，北京同步辐射装置先后为用户提供 644.95 小时和 713.48 小时的同步辐射专用光机时。BSRF 的 13

条光束线及其实验站投入了对外开放运行，共为 606 个研究课题提供同步辐射实验。用户课题涉及材料科学、化学化工、环境、地学、凝聚态物理、生命科学等多个领域。BSRF 不仅为基础研究、应用研究和国家重大科技项目提供实验机时，还为高能同步辐射光源（HEPS）、科技部重点研发专项项目的测试与验证提供重要支持。用户来自国内 115 家研究机构和国外 5 家研究机构，其中，国内的研究机构包括中国科学院下属的 29 家研究所、教育部直属的 74 所大学等。

中国遥感卫星地面站进一步提升了数据开放共享能力。2022 年 2 月，中国遥感卫星地面站数据共享门户升级改版，近 48 万景、560 TB 数据免费共享（图 3-10）。自 2011 年起，中国遥感卫星地面站通过对地观测数据共享网开始实施"对地观测数据共享计划"，国内外用户可免费共享存档的部分公益遥感卫星影像数据。

图 3-10　中国遥感卫星地面站数据共享门户

第四章 大型科研仪器发展现状

科研仪器是基于科学原理和先进技术设计建造的复杂系统，是人们认识世界、获取原始数据的重要工具。随着人类科学探索边界的不断拓展，"发展一流科研仪器，支撑一流科研工作"已经成为全球性共识，科研仪器逐渐从工具上升为重大发现和前沿探索的必备条件，是国家科技创新能力的重要组成部分，在支撑科技创新和行业发展方面发挥着越来越大的作用。我国大型科研仪器在 2021 年实现了规模和开放共享水平的双增长。根据 2021 年中央级高等学校和科研院所等单位重大科研基础设施和大型科研仪器开放共享评价考核工作及国家科技基础条件资源调查的不完全数据统计，我国大型科研仪器数量已经超过 13 万台（套），2021 年平均有效工作机时和对外服务机时分别为 1095 小时和 229 小时，开放共享水平进一步提高。

一、大型科研仪器规模

近年来，随着科研经费投入的持续增加、科研条件的持续改善，大型科研仪器规模增长迅速。截至 2021 年底，全国高校院所大型科研仪器原值为 50 万元及以上的总量为 13.3 万台（套），仪器原值总额达到 2046.9 亿元（图 4-1、图 4-2）。2010—2021 年，全国高校院所大型科研仪器数量和原值年均增速分别为 15.7% 和 15.5%，大型科研仪器规模处于持续增长的轨道之上。

图 4-1　全国高校院所大型科研仪器数量增长情况（2010—2021 年）

图 4-2　全国高校院所大型科研仪器原值总额增长情况（2010—2021 年）

　　截至 2021 年底，全国高校院所原值为 50 万～200 万元的大型科研仪器数量为 11.0 万台（套），占原值为 50 万元及以上的大型科研仪器数量的 82.3%；原值为 200 万～500 万元的大型科研仪器数量为 1.9 万台（套），占 14.3%；原值为 500 万～1000 万元的大型科研仪器数量为 3284 台（套），占 2.5%；原值为 1000 万元以上的大型科研仪器数量为 1192 台（套），占 0.9%（图 4-3）。

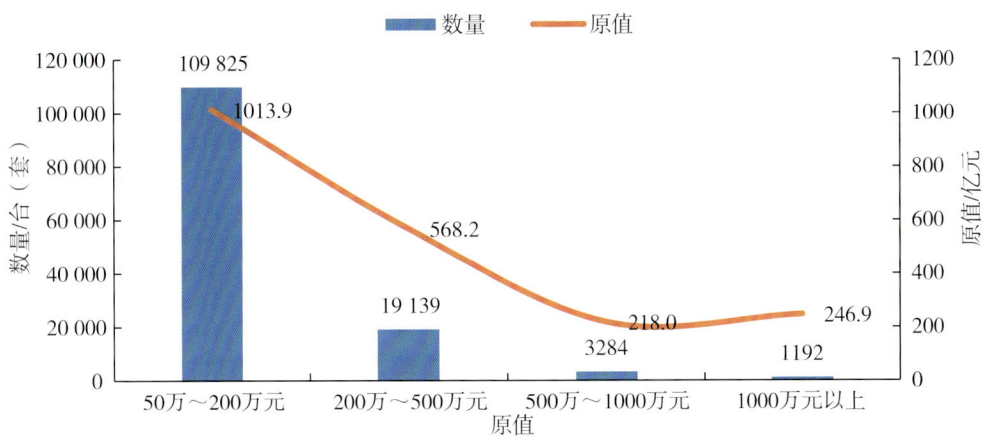

图 4-3　2021 年全国高校院所不同原值区间大型科研仪器数量与原值

按不同区间仪器的原值总额来看，50 万～ 200 万元仪器原值占全国高校院所仪器原值总额的 49.5%，200 万～ 500 万元仪器原值占原值总额的 27.8%，500 万～ 1000 万元仪器原值占原值总额的 10.6%，1000 万元以上仪器原值占原值总额的 12.1%。

我国高校院所每年购置仪器中的高原值仪器占比越来越大，从 2010—2021 年新增大型科研仪器不同原值区间购置经费占比看，近 5 年来新购原值为 500 万元以上的仪器经费投入持续增大，均超过仪器购置经费的 20%（图 4-4）。

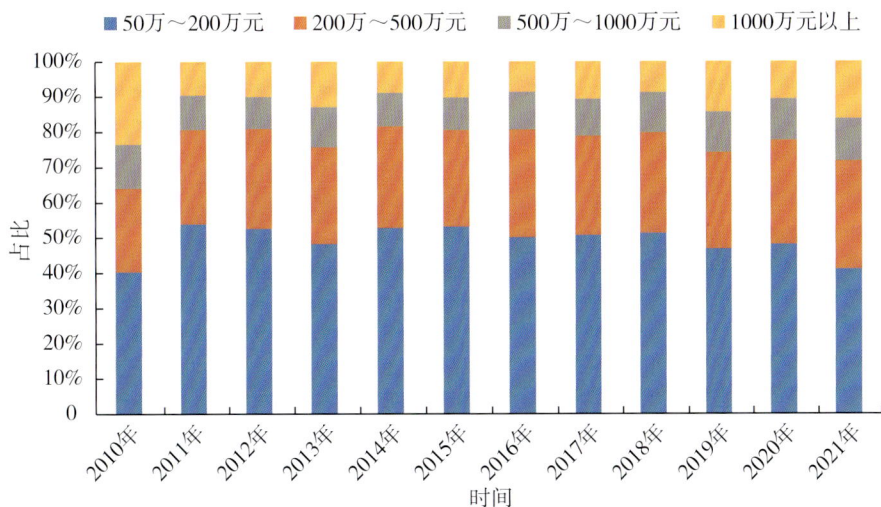

图 4-4　新增大型科研仪器不同原值区间购置经费占比（2010—2021 年）

二、大型科研仪器类型

我国仪器主要分为分析、工艺试验、物理性能测试等 14 类。截至
2021 年，我国大型科研仪器中超半数为分析仪器，其数量为 7.0 万台（套），
占全国仪器总量的比重为 52.8%，原值达到 1019.8 亿元，占全国仪器原
值总额的 49.8%；工艺试验仪器数量占比为 8.5%，原值占比为 10.1%；
物理性能测试仪器数量占比为 8.0%，原值占比为 7.6%（图 4-5）。

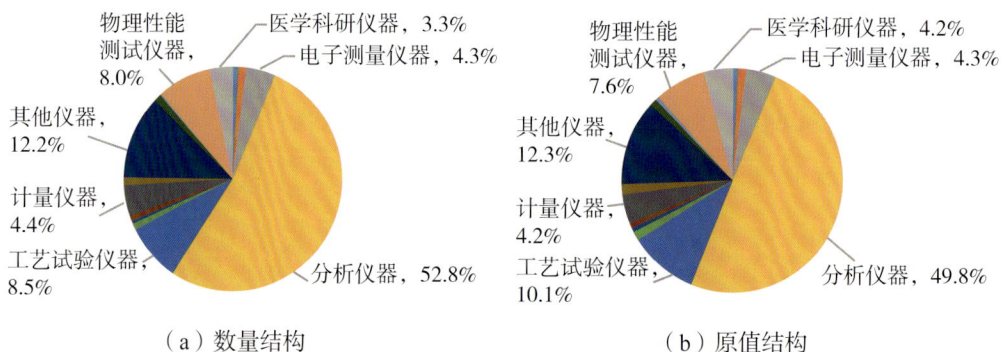

（a）数量结构　　　　　　　　　　（b）原值结构

图 4-5　2021 年大型科研仪器的类型结构

2010—2021 年，不同类型仪器数量的年均增速位于 13.4% ~ 19.3% 的
窄幅区间。不同类型仪器数量增长情况相对均衡，分析仪器占据我国仪器
总量半壁江山的整体格局未发生明显变化（图 4-6）。

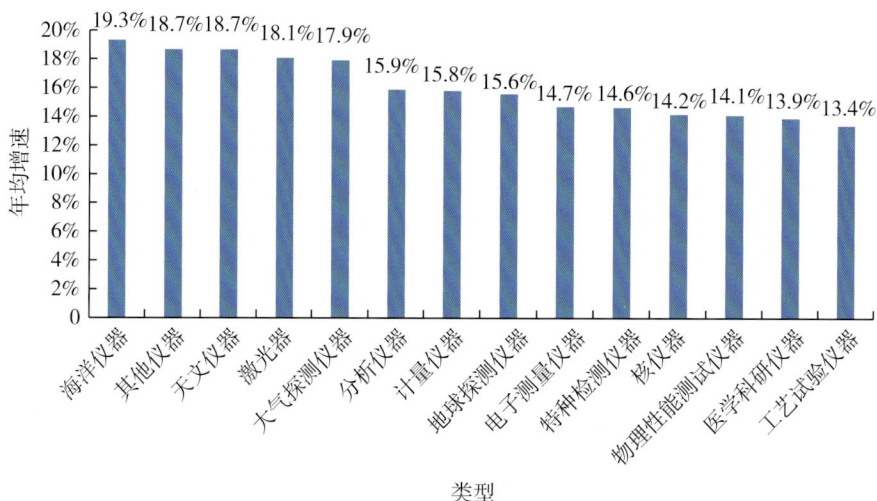

图 4-6　不同类型的大型科研仪器数量年均增速（2010—2021 年）

三、大型科研仪器区域分布

从大型科研仪器数量在各地区的分布看，北京拥有 2.2 万台（套），是仪器最多的地区，占全国仪器总量的比例为 16.8%，北京大型科研仪器原值总额为 403.4 亿元，占全国仪器原值总额的比例为 19.7%；江苏、广东、上海分别拥有 1.4 万台（套）、1.1 万台（套）、1.0 万台（套）大型科研仪器，数量分别占全国总量的比例为 10.2%、8.0%、7.6%，三个地区大型科研仪器原值总额约占全国总原值的 26.3%。海南、青海、新疆、内蒙古、宁夏等地区大型科研仪器数量均不足 1000 台（套），占全国总量的比例均不足 1%（表 4-1）。

表 4-1　大型科研仪器规模的省域分布（截至 2021 年底）

序号	地区	仪器数量 / 台（套）	原值总额 / 亿元
1	北京	22 434	403.4
2	江苏	13 660	188.9
3	广东	10 663	164.8
4	上海	10 176	184.7
5	浙江	8391	119.1
6	山东	6922	124.7
7	湖北	5549	82.0
8	河南	5466	71.9
9	辽宁	4302	59.5
10	四川	4229	57.4
11	湖南	4085	62.8
12	陕西	3414	52.2
13	福建	3398	46.9
14	安徽	3251	48.7
15	天津	3237	46.0

序号	地区	仪器数量/ 台（套）	原值总额/ 亿元
16	吉林	2866	46.9
17	黑龙江	2489	35.1
18	重庆	2359	34.5
19	江西	2268	29.7
20	广西	2241	27.7
21	河北	2005	24.9
22	贵州	1698	23.2
23	山西	1633	20.8
24	云南	1466	20.6
25	甘肃	1272	20.3
26	海南	975	11.1
27	青海	850	12.2
28	宁夏	829	9.9
29	内蒙古	685	8.8
30	新疆	598	8.0
31	西藏	29	0.3
总计		133 440	2046.9

从当年仪器增量来看，北京 2021 年新增仪器 1256 台（套），新增原值 22.7 亿元；上海新增仪器 480 台（套），新增原值 10.9 亿元；山东新增仪器 427 台（套），新增原值 7.9 亿元；浙江新增仪器 416 台（套），新增原值 7.6 亿元；4 个地区合计新增仪器数量和原值分别占总增量的 48.9% 和 49.8%（图 4-7）。

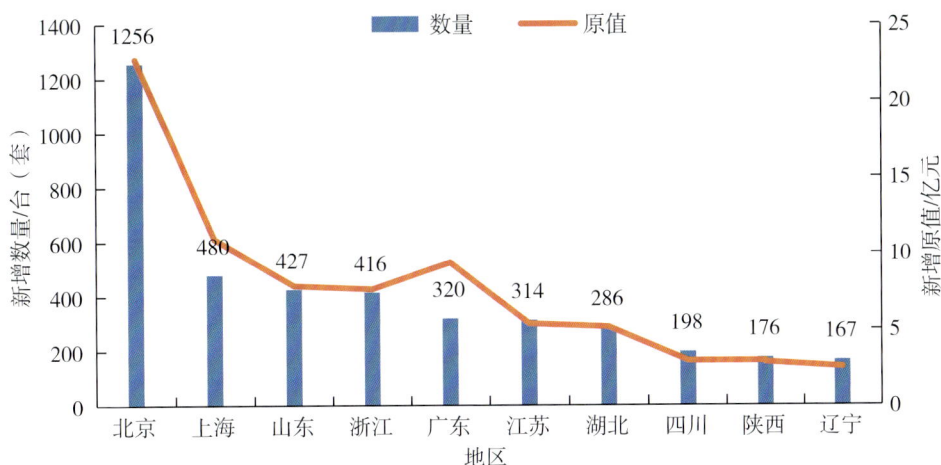

图 4-7　部分地区 2021 年新增大型科研仪器数量与原值

京津冀协同发展区域、长三角一体化发展区域和长江经济带发展区域是我国重要的战略发展区域，是科技投入的重点地区和科技活动最为活跃的地区，大型科研仪器规模总量较大。

京津冀协同发展区域涵盖北京、天津和河北。截至 2021 年底，京津冀协同发展区域大型科研仪器总量为 2.77 万台（套），原值为 474.4 亿元，分别占全国规模总量的 20.7% 和 23.2%（图 4-8）。与上年相比，2021 年京津冀协同发展区域仪器总量与原值分别增长了 5.3% 和 5.6%。2010—2021 年，区域内高校院所的仪器数量和累计原值的年均增长率分别为 12.8% 和 11.8%，低于同期全国平均增速。

图 4-8　京津冀协同发展区域大型科研仪器规模增长（2010—2021 年）

长三角一体化发展区域包括上海、江苏、浙江与安徽。2021 年区域内高校院所的仪器数量和累计原值较 2020 年分别增长了 4.0% 和 5.1%，达到了 3.55 万台（套）和 541.4 亿元，分别占全国规模总量的 26.6% 和 26.5%（图 4-9）。2010—2021 年，区域内高校院所的仪器数量和累计原值的年均增长率分别为 16.9% 和 17.7%，高于同期全国平均增速。

图 4-9　长三角一体化发展区域大型科研仪器规模增长（2010—2021 年）

长江经济带发展区域包含上海、江苏、浙江、安徽、江西、湖北、湖南、重庆、四川、云南、贵州等 11 个地区。2021 年，区域内高校院所的仪器数量和累计原值较 2020 年分别增长了 3.9% 和 4.7%，达到了 5.71 万台（套）和 851.5 亿元，分别占全国规模总量的 42.8% 和 41.6%（图 4-10）。2010—2021 年，区域内高校院所的仪器数量和累计原值的年均增长率分别为 16.5% 和 16.9%，高于同期全国平均增速。

图 4-10　长江经济带发展区域大型科研仪器规模增长（2010—2021 年）

四、大型科研仪器主管部门

截至 2021 年底，我国中央级高校院所拥有的大型科研仪器数量和原值总额分别为 5.2 万台（套）和 907.6 亿元，占全国规模总量的 39.2% 和 44.3%。2010—2021 年，中央部门所属单位拥有的大型科研仪器数量和原值年均增速分别为 18.9% 和 18.2%（图 4-11）。

图 4-11 中央级高校院所大型科研仪器规模增长（2010—2021 年）

从主管部门分布来看，中央部门所属单位拥有的大型科研仪器主要集中在教育部和中国科学院。教育部拥有 2.47 万台（套），占比高达 47.3%；中国科学院拥有 1.17 万台（套），占比为 22.4%；工业和信息化部、农业农村部等 35 个部门拥有的大型科研仪器数量为 1.58 万台（套），占比为 30.3%（表 4-2）。

表 4-2 部分中央部门所属单位拥有的大型科研仪器数量和原值总额

序号	部门	仪器数量/台（套）	原值总额/亿元
1	教育部	24 713	398.0
2	中国科学院	11 699	258.6
3	工业和信息化部	3055	46.0
4	农业农村部	1896	22.1
5	国家市场监督管理总局	1739	23.6
6	自然资源部	1535	27.2
7	国家卫生健康委	1156	17.6
8	中共中央统战部	587	8.2
9	交通运输部	535	6.6

序号	部门	仪器数量/台（套）	原值总额/亿元
10	水利部	489	6.6
11	中国气象局	418	6.0
12	国家林业和草原局	398	4.3
13	应急管理部	384	4.3
14	国家民族事务委员会	323	4.1
15	中国地震局	265	5.2
16	国家广播电视总局	263	2.9
17	生态环境部	252	3.5
18	国家中医药管理局	226	3.7
19	国家体育总局	138	1.8
20	中国民用航空局	111	2.1
21	民政部	78	0.8
22	住房城乡建设部	26	0.4
23	国家粮食和物资储备局	26	0.3
24	国家文物局	11	0.1

五、大型科研仪器产地

我国高校院所大型科研仪器来源于全球 70 多个国家，主要来源国为美国、中国、德国、日本等。其中，来自美国的仪器数量最多，为 4.7 万台（套），原值为 653.3 亿元，分别占全国仪器总量与原值总额的 35.4%、31.9%；国产大型科研仪器为 3.5 万台（套），原值为 554.1 亿元，分别占全国仪器总量与原值总额的 26.3%、27.1%；来自德国的仪器数量为 1.8 万台（套），原值为 299.4 亿元，分别占全国仪器总量与原值总额的 13.3%、14.6%（图 4-12、图 4-13）。其后依次是日本（仪器数量与原值分别占全国仪器总量与原值总额的 8.1%、8.4%）、英国（仪器数量与原值分别占全国仪器总量与原值总额的 3.7%、4.0%）、瑞士（仪器数量与原值分别占全国仪器总量与原值总额的 2.4%、2.6%）等。

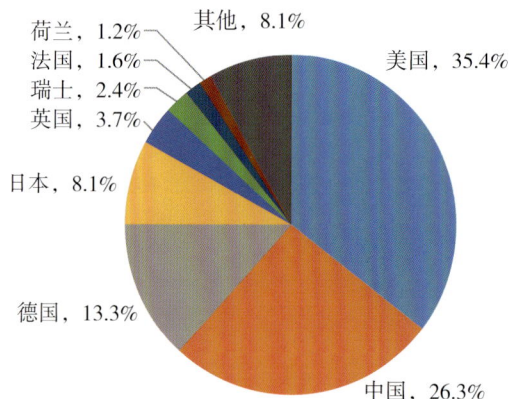

图 4-12　全国高校院所大型科研仪器来源国数量分布

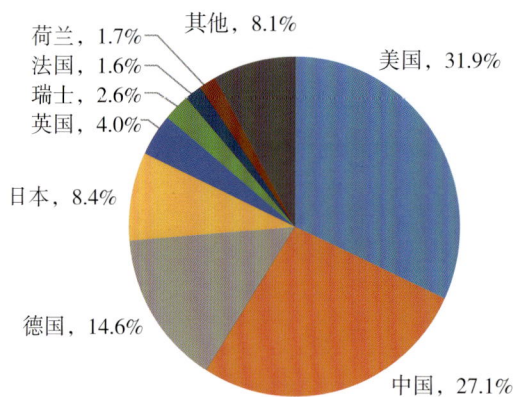

图 4-13　全国高校院所大型科研仪器来源国原值分布

近年来，国产大型科研仪器占全国仪器总量的比例整体上呈现上升趋势，由 2010 年的 24.6% 提高至 2021 年的 26.3%（图 4-14）。

图 4-14　2010—2021 年国产大型科研仪器数量及占比情况

2018 年以后，来源于美国、德国、日本的仪器数量逐年下降，从其占全国仪器总量的比例来看，来自美国的仪器占比有所下降（表 4-3）。

表 4-3　来自美国、德国、日本的大型科研仪器情况（2010—2021 年）

时间	数量 / 台（套）			原值 / 亿元		
	美国	德国	日本	美国	德国	日本
2010 年	2789	1078	617	40.4	20.1	9.9
2011 年	2452	798	549	32.2	11.5	8.3
2012 年	3195	1026	710	42.4	15.5	12.3
2013 年	3651	1235	704	51.0	22.0	11.3
2014 年	3631	1391	719	46.9	23.2	10.6
2015 年	3956	1544	816	51.8	23.2	12.7
2016 年	4242	1551	890	60.5	26.0	14.6
2017 年	3851	1526	887	53.8	25.4	13.8
2018 年	4157	1627	858	60.5	27.0	13.3
2019 年	3483	1581	830	53.7	27.8	14.3
2020 年	3083	1340	806	45.0	27.0	15.1
2021 年	1368	795	404	23.4	15.5	8.8
总计	39 858	15 492	8790	561.7	264.3	144.9

从各原值区间进口仪器来源国来看，50万～200万元的科研仪器主要来自美国，占比为36.1%，200万～500万元的科研仪器中来自美国的比例为33.9%，来自德国的比例为16.4%；500万～1000万元的科研仪器中来自美国的比例为26.8%，来自德国的比例为18.5%；1000万元以上的科研仪器中来自德国的比例为16.9%（表4-4）。

表4-4　不同原值区间的大型科研仪器主要来源国情况

国别	50万～200万元	200万～500万元	500万～1000万元	1000万元以上
美国	36.1%	33.9%	26.8%	18.3%
中国	27.2%	20.9%	23.7%	38.2%
德国	12.5%	16.4%	18.5%	16.9%
日本	7.6%	10.6%	8.6%	7.1%
英国	3.6%	4.3%	5.4%	3.2%
瑞士	2.2%	2.9%	4.4%	2.3%
法国	1.6%	1.4%	1.7%	2.2%
荷兰	1.2%	1.1%	1.9%	4.0%
其他	8.0%	8.6%	9.0%	7.8%

第五章　大型科研仪器开放共享成效

一、开放运行效果显著，服务能力大幅提高

大型科研仪器实现了应开放尽开放。2022 年国家大型科研仪器评价考核工作进一步推动了大型科研仪器开放共享。以评价考核参评中央级高校院所为例，评价考核参评的 4.7 万台（套）仪器被全部纳入国家网络管理平台并进行考核，开放率从 2020 年的 98% 提升到 2021 年的 100%，自 2015 年建立国家网络管理平台后，首次实现应开放尽开放（图 5-1）。

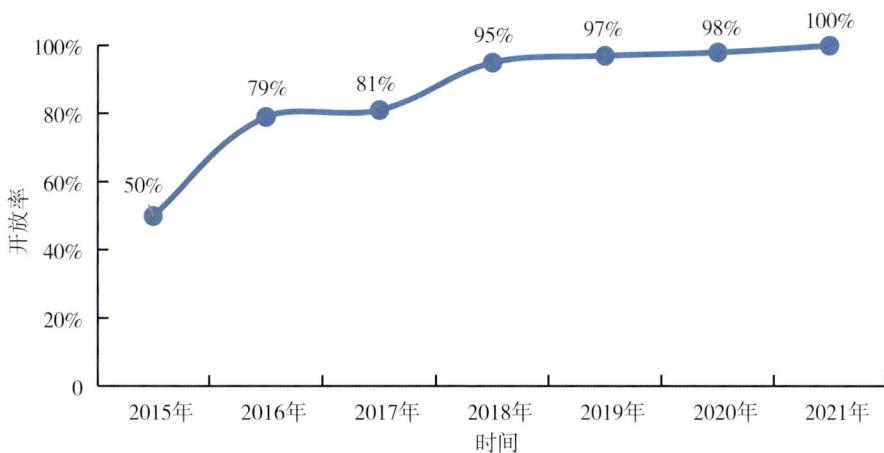

图 5-1　2015—2021 年中央级高校院所大型科研仪器开放率

大型科研仪器运行效率总体较高。截至 2021 年底，全国大型科研仪器年平均有效工作机时为 1095 小时；平均每台（套）大型科研仪器对外服务机时为 229 小时。分省份来看，北京仪器年有效工作机时较高，达到 3340.5 万小时，仪器年平均有效工作机时达到 1489 小时（表 5-1）。

表 5-1　部分省份大型科研仪器运行情况（2021 年）

序号	省份	仪器数量／台（套）	年有效工作机时／万小时	年有效工作机时占比	年平均有效工作机时／小时
1	北京	22 434	3340.5	16.8%	1489
2	江苏	13 660	1685.9	10.2%	1234
3	广东	10 663	1274.3	8.0%	1195
4	上海	10 176	1271.9	7.6%	1250
5	浙江	8391	914.7	6.3%	1090
6	山东	6922	521.5	5.2%	753
7	湖北	5549	657.9	4.2%	1186
8	河南	5466	55.8	4.1%	102
9	辽宁	4302	415.6	3.2%	966
10	四川	4229	338.5	3.2%	801
11	湖南	4085	288.6	3.1%	707
12	陕西	3414	438.9	2.6%	1286
13	福建	3398	416.1	2.5%	1225
14	安徽	3251	476.7	2.4%	1466
15	天津	3237	383.0	2.4%	1183
16	吉林	2866	353.3	2.1%	1233
17	黑龙江	2489	162.0	1.9%	651
18	重庆	2359	315.3	1.8%	1336
19	江西	2268	45.1	1.7%	199
20	广西	2241	154.8	1.7%	691
21	河北	2005	39.2	1.5%	195
22	贵州	1698	146.4	1.3%	862
23	山西	1633	134.8	1.2%	825
24	云南	1466	107.9	1.1%	736

2021 年，中央部门所属单位拥有的大型科研仪器年有效工作机时总量达到 8179 万小时，年平均有效工作机时为 1565 小时，超过全国平均水平。分部门来看，中国气象局、中国科学院、自然资源部及教育部大型科研仪器年平均有效工作机时较高，分别为 3521 小时、1747 小时、1558 小时及 1556 小时（表 5-2）。

表 5-2 部分中央部门所属单位大型科研仪器运行情况（2021 年）

序号	部门	仪器数量 / 台（套）	年有效工作机时 / 万小时	年有效工作机时占比	年平均有效工作机时 / 小时
1	教育部	24 713	3846.3	47.03%	1556
2	中国科学院	11 699	2044.1	24.99%	1747
3	工业和信息化部	3055	426.8	5.22%	1397
4	农业农村部	1896	281.7	3.44%	1486
5	自然资源部	1535	239.1	2.92%	1558
6	国家市场监督管理总局	1739	195.2	2.39%	1123
7	中国气象局	418	147.2	1.80%	3521
8	国家卫生健康委	1156	94.5	1.16%	818
9	国务院侨务办公室	587	83.3	1.02%	1418
10	交通运输部	535	73.8	0.90%	1380
11	水利部	489	67.6	0.83%	1383
12	国家林业和草原局	398	54.4	0.67%	1367
13	国家民族事务委员会	323	48.4	0.59%	1497
14	应急管理部	384	47.6	0.58%	1239
15	中国地震局	265	38.3	0.47%	1446
16	生态环境部	252	37.9	0.46%	1505
17	国家中医药管理局	226	27.2	0.33%	1205
18	国家广播电视总局	263	24.2	0.30%	919
19	国家体育总局	138	12.2	0.15%	886
20	中国民用航空局	111	7.9	0.10%	709

续表

序号	部门	仪器数量 / 台（套）	年有效工作机时 / 万小时	年有效工作机时占比	年平均有效工作机时 / 小时
21	民政部	78	3.5	0.04%	447
22	住房城乡建设部	26	3.4	0.04%	1297
23	国家粮食和物资储备局	26	2.2	0.03%	863
24	国家文物局	11	0.3	0	314

不同购置时期大型科研仪器利用情况有所差别。2018 年及以后购置的大型科研仪器年平均有效工作机时显著高于更早购置的大型科研仪器。2020 年购置的大型科研仪器年平均有效工作机时高达 1261 小时。更早期购置的大型科研仪器利用水平相对较低，其中 2010 年以前购置的大型科研仪器年平均有效工作机时不足 1000 小时（图 5-2）。

图 5-2　不同年份购置的大型科研仪器年平均有效工作机时

高原值的大型科研仪器具有更高的利用水平。2021 年，我国高校与科研院所原值在 1000 万元以上的超高原值大型科研仪器年平均有效工作机时达到 2150 小时，大幅高于 1095 小时的平均水平。原值在 500 万～1000 万元的大型科研仪器年平均有效工作机时为 1835 小时，原值在 200 万 ~ 500 万元的大型科研仪器年平均有效工作机时也达到了 1390 小时（图 5-3）。

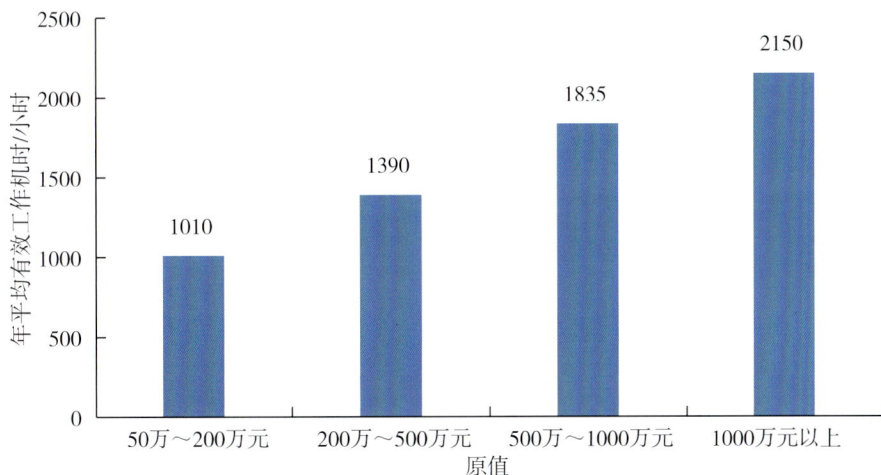

图 5-3　不同原值区间大型科研仪器年平均有效工作机时（2021 年）

对外服务质量稳步提升。2021 年，我国大型科研仪器拥有单位在仪器满足自身科研需求的基础上，积极将仪器向社会用户开放，实现仪器资源共享。截至 2021 年底，我国 13.3 万台（套）大型科研仪器对外服务机时总量为 3050 万小时，平均每台（套）仪器对外服务机时为 229 小时，平均对外共享率① 为 20.9%。

2021 年，北京、安徽、上海等拥有的大型科研仪器对外服务机时总量均超过 200 万小时。其中，北京大型科研仪器对外服务机时总量为 808 万小时，平均对外共享率为 24.2%，平均每台（套）大型科研仪器对外服务机时为 360 小时；安徽平均每台（套）大型科研仪器对外服务机时为 285 小时（图 5-4）。

---

① 对外共享率 = 对外服务机时 ÷ 年有限工作机时。

图 5-4　部分省份大型科研仪器年平均对外服务机时情况（2021 年）

不同年份购置的大型科研仪器年平均对外服务机时较为平均。2020
年购置的大型科研仪器年平均对外服务机时最高，为 318 小时，2016—
2017 年购置的大型科研仪器处于平稳运行与服务阶段，年平均对外服务
机时较高，分别为 234 小时、250 小时（图 5-5）。

图 5-5　不同年份购置的大型科研仪器年平均对外服务机时

高原值大型科研仪器的对外服务机时较高，尤其是原值在 1000 万
元以上的大型科研仪器，其年平均对外服务机时超过 500 小时，约为

全国平均水平的 2 倍；原值在 500 万～1000 万元的大型科研仪器年平均对外服务机时为 403 小时（图 5-6）。

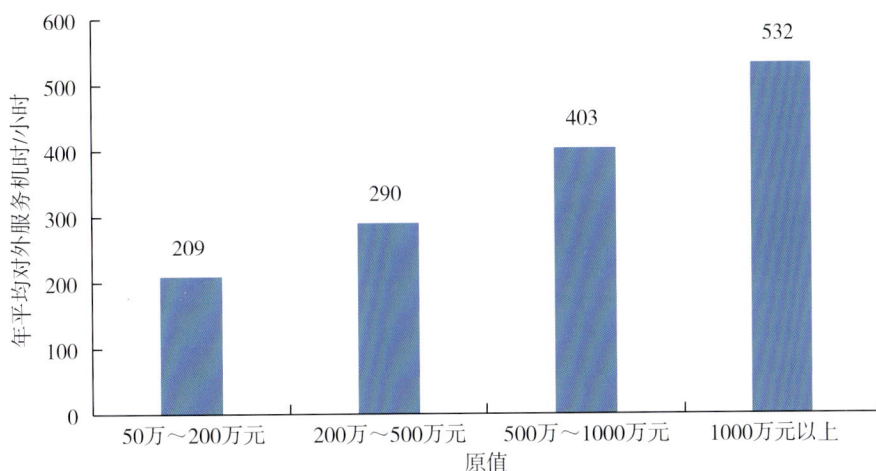

图 5-6　不同原值区间大型科研仪器年平均对外服务机时

　　在国家大型科研仪器开放共享评价考核工作的推动下，中央级高校院所大型科研仪器对外服务机时增长明显。数据显示[①]，大型科研仪器平均对外服务机时由 2015 年的 50 小时升至 2021 年的 232 小时，平均对外共享率为 17%（图 5-7）。2021 年，原值在 1000 万元以上的参加评价考核的仪器年平均对外服务机时为 660 小时，平均对外共享率为 32%，大型科研仪器服务能力显著提升。中国科学院生物物理研究所拥有我国生命科学研究领域中最强的科研仪器平台，2021 年完成预约服务超过 4200 次，对外服务收入超过 1400 万元，支撑国内外 157 家单位 423 个课题组，发表论文 44 篇，影响因子 *PNAS* 及以上论文 22 篇，其中在 *Cell*、*Nature*、*Science* 上发表高水平论文 3 篇。

---

① 数据来源：2022 年中央级高校和科研院所等单位重大科研基础设施和大型科研仪器开放共享评价考核工作。

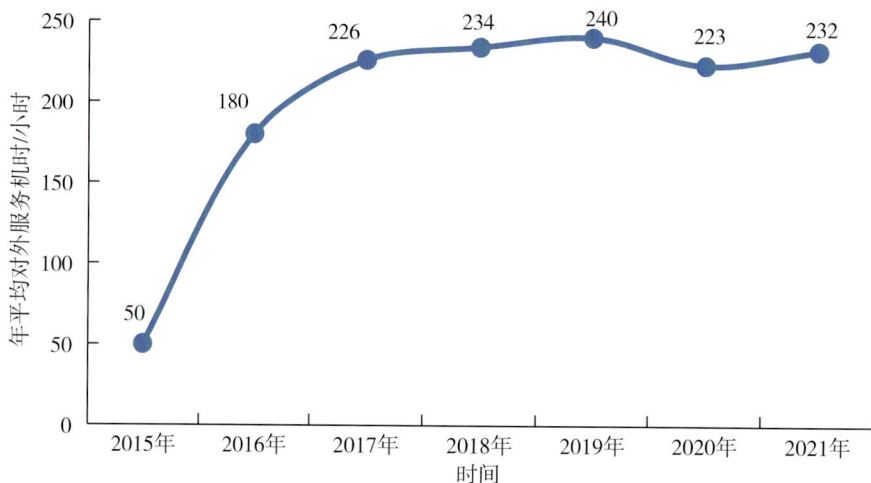

图 5-7 2015—2021 年中央级高校院所大型科研仪器年平均对外服务机时

二、制度体系更加健全，形成良好开放环境

2014 年《国务院关于国家重大科研基础设施和大型科研仪器向社会开放的意见》（简称《意见》）发布，指出我国重大科研基础设施与大型科研仪器发展面临的突出问题是利用率与共享水平不高，确定了"开放共享"的基本路径、安排与制度框架，为我国重大科研基础设施与大型科研仪器的开放共享管理制度建设奠定了坚实的基础。《意见》发布以来，各部门、地方和管理单位坚持"创新机制、盘活存量、整合完善、开放服务"的原则，面向科技创新、产业发展、社会民生等需求，加强统筹协调，以制度创新为动力，以多元化投入和强化人才队伍建设为保障，增强科研设施与仪器资源整合及开发能力，提高资源共享与利用水平，完善政策法规制度体系，逐步形成资源配置优化、运行管理规范、共享服务高效的科研设施与仪器开放共享体系。各部门从不同层面积极制定相应配套政策制度，明晰工作要求，理顺各方职权，提出工作重点，细化工作内容，为实现科研设施与仪器全链条管理提供了国家层级的制

度保障，重大科研基础设施与大型科研仪器开放共享管理制度体系不断发展完善。

国务院和各部门高度重视科研设施与仪器开放共享普惠性政策体系建设，加大政策法规修订力度，陆续出台针对性强、普惠性好的政策并积极落实。2015年，教育部办公厅印发《教育部办公厅关于加强高等学校科研基础设施和科研仪器开放共享的指导意见》；2018年，科技部、海关总署印发《纳入国家网络管理平台的免税进口科研仪器设备开放共享管理办法（试行）》；2019年，财政部、科技部印发《中央级新购大型科研仪器设备查重评议管理办法》，交通运输部办公厅印发《交通运输重大科研基础设施和大型科研仪器开放共享管理暂行办法》，中国科学院印发《中国科学院重大科技基础设施管理办法》《中国科学院重大科技基础设施建设管理实施细则》《中国科学院重大科技基础设施运行管理实施细则》；2020年，中国科学院条件保障与财务局印发《中国科学院大型仪器区域中心和所级公共技术中心管理办法》；2022年7月，在充分总结仪器设施评价考核经验的基础上，科技部办公厅印发《国家重大科研基础设施和大型科研仪器开放共享评价考核实施细则》，科技部、财政部会同有关部门，按年度对中央级高等学校和科研院所等单位的科研设施与仪器管理、运行及开放共享总体情况进行评价考核，并向社会公布评价考核结果。

科技部、财政部、教育部、交通部、中国科学院等部门出台一系列管理办法和配套制度文件，建立健全了科研设施与仪器开放共享制度和激励措施，推动建成了覆盖全国科研设施与仪器的管理服务体系，为我国科研设施与仪器开放共享的全链条管理提供了国家层级的制度保障（表5-3）。日益完善的制度体系在很大程度上解决了科技创新平台和大型仪器设备分散、重复、封闭、低效的问题，资源利用率进一步提高，协同创新能力和资源共享水平实现大幅提升，有力促进了现有科研设施与仪器的统筹管理，切实提高了科研设施与仪器的利用效率和效益。

表 5-3　国家和相关部门出台的部分开放共享政策制度

序号	文件名称	发布部门	核心内容
1	国务院关于国家重大科研基础设施和大型科研仪器向社会开放的意见	国务院	将所有符合条件的科研设施与仪器都纳入统一网络平台管理；建立科研设施与仪器开放评价体系和奖惩办法，推动科研设施与仪器开放共享
2	国家重大科研基础设施和大型科研仪器开放共享管理办法	科技部、国家发展改革委、财政部	进一步明确《意见》要求，细化主管部门和管理单位职权分工，明确共享要求，指导建立考核和奖励机制
3	促进国家重点实验室与国防科技重点实验室、军工和军队重大试验设施与国家重大科技基础设施的资源共享管理办法	科技部、国家发展改革委、国防科工局、军委装备发展部、军委科技委	明确了管理部门和依托单位的职责，细化了信息互通、双向开放、共享评价考核等具体要求
4	纳入国家网络管理平台的免税进口科研仪器设备开放共享管理办法（试行）	科技部、海关总署	简化开放服务审批备案程序，管理单位适用简易程序申请开放共享资格，推动免税进口科研仪器开放共享
5	中央级新购大型科研仪器设备查重评议管理办法	财政部、科技部	进一步明确了查重评议方法和原则
6	国家重大科研基础设施和大型科研仪器开放共享评价考核实施细则	科技部办公厅	评价考核指标包括运行使用、共享服务和组织管理等 3 个一级指标和 8 个二级指标
7	教育部办公厅关于加强高等学校科研基础设施和科研仪器开放共享的指导意见	教育部办公厅	明确科研设施与仪器开放共享总体目标和组织管理，提出建设信息服务平台等一系列重点工作
8	交通运输重大科研基础设施和大型科研仪器开放共享管理暂行办法	交通运输部办公厅	明确了开放共享工作的职责分工，提出了相应的开放共享要求，推动评价考核和激励机制的建设

全国各地方着力完善创新券、网络服务平台等配套设施与制度建设，在打通科研设施与仪器共享"最后一公里"、不断增强各地方区域内和

区域间科研设施与仪器开发共享方面不断发力。

　　自《意见》出台后，各地方加快推进科技创新平台面向社会开放服务和科研设施与仪器资源共享，充分发挥科研设施与仪器对科技创新、大众创业的服务和支撑作用，进一步提高科技资源使用效率，结合各地方实际，先后制定并实施了适用于本地区的配套政策制度和实施方案。截至目前，北京、福建、甘肃、广东等24个省（自治区、直辖市）出台了关于促进重大科研基础设施和大型科研仪器向社会开放的实施意见或实施方案，甘肃、福建、宁夏、山东、北京、天津、上海等地区的科技主管部门联合财政部、教育部等部门出台或修订了管理办法、试点工作方案等政策文件60余项，制定了大型科研仪器开放共享奖补实施细则、大型科研仪器购置联合评议办法、大型科研仪器协作网管理办法等，已经形成一系列政策层面和执行层面的管理措施，通过健全完善大型科研仪器开放共享政策，强化顶层设计，全面推进仪器开放共享。同时，各地方结合本地区情况，积极制定了一系列具体方案和办法，形成了指导科研设施与仪器开放共享工作的细化制度保障（表5-4）。

表5-4　各地方出台的开放共享政策制度（部分）

序号	文件名称	发布地区	核心内容
1	北京市人民政府办公厅关于加强首都科技条件平台建设 进一步促进重大科研基础设施和大型科研仪器向社会开放的实施意见	北京市	建设科研设施与仪器开放共享信息系统；健全开放共享服务体系；完善开放共享激励机制；建立开放共享约束机制；加大对开放共享的支持力度
2	《关于加强首都科技条件平台建设 进一步促进重大科研基础设施和大型科研仪器向社会开放的实施意见》实施推进方案	北京市	在建立健全管理制度、标准规范、网络条件和工作机制等方面，明确了工作目标，提出了建设首都科技条件平台信息系统、推动科研设施与仪器纳入首都科技条件平台信息系统、实行分类开放共享服务、鼓励建立专业服务机构等15项主要任务，并对各相关委办进行了分工安排

序号	文件名称	发布地区	核心内容
3	北京市重大科研基础设施和大型科研仪器向社会开放评价考核实施细则（试行）	北京市	明确了评价考核的对象、考核内容、组织实施及考核程序等
4	上海市大型科学仪器设施信息报送办法	上海市	规范大型科学仪器设施的数据报送工作
5	上海市新购大型科学仪器设施联合评议实施办法	上海市	加强大型科学仪器设施的购置评议工作，明确评议内容、评议原则、评议流程等内容
6	上海市大型科学仪器设施共享服务评估与奖励办法 上海市大型科学仪器设施共享服务评估与奖励办法实施细则	上海市	明确开放共享评价考核和后补助等相关内容
7	重庆市大型科研仪器设备开放共享评价考核办法	重庆市	明确开放共享评价考核内容、考核程序和补助标准
8	江苏省省级新购大型科学仪器设备联合评议工作管理办法	江苏省	规范了江苏省大型科学仪器设备申请购置的联合评议范围、时间、内容和程序，将联合评议工作作为政府采购招标流程和政府各类科技计划预算编制的前置条件
9	广东省人民政府促进大型科学仪器设施开放共享的实施意见	广东省	进一步细化、落实《意见》要求，推动大型科学仪器设施向社会开放共享
10	黑龙江省科研基础设施和大型科研仪器开放共享评价考核与补贴实施细则（试行）	黑龙江省	对科研基础设施和大型科研仪器开发共享评价考核与补贴、申报程序和资金拨付、资金使用与监管进行了规定

此外，各地方积极开展政策调研，坚持对不同创新政策进行重点评估，及时修订、完善政策，出台实施细则，加强政策解读，有效打通了科研设施与仪器政策落实的"最先一公里"和"最后一公里"梗阻，充分体现政策的"含金量"，使各类科研人员在使用科研设施与仪器方面有更多"获得感"和"便利感"。

　　浙江省大型科研仪器（简称"大仪"）共享实现"一网办""一指办"。浙江省科学技术厅等8部门于2022年11月印发了《关于加快推进大型科研仪器开放共享"一网办""一指办"的实施意见》，提出到2023年底，力争整合30万元及以上大仪15 000台，安装物联网传感器11 000台以上；实现大仪全周期管理"一网办"，全流程服务"一指办"；为企业提供全链条、全过程的大仪开放共享专业服务，有力支撑科技创新和产业发展。此外，《实施意见》提出完善大仪入网流程、严格开展购置评议、简化数据填报工作、开展大仪动态监管、鼓励建设大仪集约化平台、强化大仪人才培养、培育第三方专业机构、推动长三角大仪开放共享、强化26县共享服务、强化服务数据共享等10条工作举措。为全面贯彻落实《实施意见》，它提出压实工作主体责任、强化部门工作协同和形成省市县工作合力等工作要求。

　　长江经济带科技资源共享论坛推进长江经济带科技资源深度共享。2022年，由科技部指导，四川省科技厅、长江经济带科技资源共享平台理事会主办的第五届长江经济带科技资源共享论坛，以"加强长江经济带科技资源共享、服务高新技术产业高质量发展"为主题，发布了长江经济带科技资源共享平台《2022年成都行动宣言》，提出将开展国家科技资源衔接行动、"科技资源e路行"系列活动、"政策协同＋服务驿站"共享服务提升行动、"聚源双进园区"行动等。长江经济带科技资源共享论坛建立了跨省市科技资源合作的长效机制和有效模式，不断推进长江经济带科技资源共享服务水平提升。

　　深圳市开展专项审计调查工作，加强对大型科学仪器设施共享的管理。截至2021年6月底，深圳市大型科学仪器设施共享平台仪器入网单位有414家，入网仪器有10 551台（套），仪器原值合计97.21亿元。2022年深圳市审计局对截至2021年6月深圳市本级财政投入大型科学仪器设施共享管理情况进行了专项审计调查，在肯定大型科学仪器设施开放共享工作成效的同时，针对大型科学仪器设施开放共享政策制定、组织实施、设施管理、共享程度等方面提出意见与建议，监管并指导大型科学仪器设施开放共享工作。

高校和科研院所聚焦体制机制突破和仪器开放共享服务能力，以政策红利激发科研设施与仪器开放服务。高校和科研院所是开放共享服务的直接提供者。据不完全统计，《意见》发布前，全国有530余家科研单位制定了900多项科研设施与仪器开放制度。《意见》发布后，我国主要的高校、科研院所从业务管理、服务提供与收费、队伍建设、考核激励等方面制定或修订了相关制度。据不完全统计，各项制度总数已经达到2000余项（表5-5）。

表5-5　部分高校和科研院所的开放共享管理制度

制度类别	文件名称	发布单位	核心内容
综合制度	北京理工大学仪器设备开放服务管理办法（试行）	北京理工大学	从组织管理、开放服务资金的独立核算管理、开放共享绩效考核等方面明确本单位仪器设备开放共享相关要求
	四川大学实验仪器设备开放共享管理办法（试行）	四川大学	从管理运行机制、经费来源与收支管理、激励与约束措施等方面明确本单位仪器设备开放共享相关要求
	哈尔滨工程大学大型仪器设备开放共享管理办法（试行）	哈尔滨工程大学	从组织管理、开放共享基金管理、服务收费及管理、绩效考核等方面明确本单位仪器设备开放共享相关要求
实验技术队伍建设	同济大学促进大型科学仪器设备共享管理办法	同济大学	在职称晋升方面，同济大学以专业技术职务评聘和同济大学英才计划为抓手，积极推进实验技术支撑队伍建设，优先推荐各级实验室技术支撑平台的一线人员晋升聘任

制度类别	文件名称	发布单位	核心内容
实验技术队伍建设	全面深化人事制度改革建设高水平师资队伍的若干意见	西北工业大学	建立了专职研究和实验技术队伍分类管理机制，完善了收入分配激励机制，将共享服务收入的约30%用于支付外聘人员的劳务费
	大型仪器设备资源共享的管理暂行办法	中国科学院地质与地球物理研究所	实验研究人员月均收入和年终奖金总和要高于同级别研究人员平均水平的12%～15%（研究人员的年终论文奖金不纳入比较计数范围），设立实验技术创新基金，提高实验研究人员的技术创新能力，培育和促进了实验技术的研发与革新
考核激励机制	北京大学实验室工作评审奖励办法（试行）	北京大学	在国内高校中率先探索建立了公共平台绩效考评指标体系和激励机制，从公共性、科研能力、管理机制、队伍建设、平台特色等方面，对校级公共服务平台的运行服务情况进行绩效考评，对优秀的平台给予总额200万～300万元/年的奖励补助
	药物研究所大型仪器设备资源共享管理办法	中国医学科学院药物研究所	从仪器测试费收入中提取一定的比例用于个人奖励，面向所内服务的个人奖励提取比例为10%，面向社会服务的个人奖励提取比例为10%～50%
服务收费	北京理工大学仪器设备开放服务管理办法（试行）	北京理工大学	仪器设备开放主体在制定完仪器设备开放服务收费标准以后，需要三位副高职以上的专家对收费标准进行审查，审查合格后由开放主体报仪器设备管理部门审批备案，并通过校园网公示，公示期为一周，公示期结束，对公示结果无异议，则仪器设备开放主体按照该标准承接仪器设备开放测试服务
	清华大学仪器设备开放共享管理办法	清华大学	仪器测试服务收费遵循"成本核算、非营利"的原则，明确仪器测试服务成本核算机制，组建仪器设备开放服务收费标准审核工作委员会，制定开放服务收入的分配细则和比例

续表

制度类别	文件名称	发布单位	核心内容
开放基金	华中师范大学大型仪器设备开放测试基金管理办法（试行）	华中师范大学	在职教师使用纳入学校开放基金资助范围的大型仪器设备的测试补贴，可用于入网补贴设备的升级、改造、维护、维修补贴，以及机组人员的学术活动和加班劳酬，并规定了申请与审批、使用与管理等具体细则
	天津大学大型、贵重、精密仪器设备开放基金管理办法（试行）	天津大学	开放基金按用途分为测试费、维修费和开发费三部分。基金实行补贴制，三种费用一般都按 50% 给予补贴，申请人须自己负担 50%。测试费主要用于大型仪器对校内本机组以外人员开放使用时运行费用的补贴；维修费主要用于大型仪器维修费用的补贴；开发费主要用于开发原有大型仪器新功能所需费用的补贴
	浙江大学大型仪器设备开放共享维修基金管理办法	浙江大学	明确本单位维修基金来源、资助范围、使用程序等具体内容

自 2015 年以来，北京科技大学先后制定、修订科研设施与仪器管理相关政策制度达到 11 项，包括《北京科技大学仪器设备开放共享管理办法（试行）》《北京科技大学货物与服务采购需求论证管理办法》《北京科技大学仪器设备共享管理平台（USERS）建设运行实施细则（试行）》《北京科技大学关于进一步加强实验技术教师队伍建设的指导意见》等。2021 年 4 月，北京科技大学修订了《北京科技大学大型教学科研仪器设备开放共享绩效考核评价办法（修订）》，制度文件涵盖了仪器采购论证、共享利用、评价考核及实验技术人员管理等方面，有效提高了大型科研仪器开放共享效率。在 2022 年中央级高等学校和科研院所等单位重大科研基础设施和大型科研仪器开放共享评价考核中，北京科技大学被评为优秀单位之一。

三、管理手段科学精准，管理水平显著提升

（一）网络管理服务平台体系基本建成

近年来，标准和规范统一的服务平台建设发展迅速，逐步形成了以国家网络管理平台为核心，以区域级、省市级、部门级地方网络管理服务平台为桥梁，以管理单位在线服务平台为主体的多级共享网络，在科研设施与仪器开放共享工作中发挥了重要作用。从国家级、区域级（如长三角、京津冀）、省级、市级到部门级的多级共享网络共享平台遍布全国，网络管理与服务水平不断提升。

在国家网络管理平台建设方面，科技部组织指导各部门和科研单位建设了在线服务平台，发布实施了《科研设施与仪器在线服务平台建设规范》和《科研设施与仪器在线服务平台数据报送规范》等多项标准规范，同时推动了国家网络管理平台与省市、主管部门及其管理单位在线服务平台的系统互联和数据互通，形成了覆盖各类科研设施与仪器的全链条管理服务体系。国家网络管理平台为中央级高等学校和科研院所等单位重大科研基础设施和大型科研仪器开放共享评价考核工作提供了全流程支撑。在数据报送阶段，平台中心作为第三方评议机构，依托国家网络管理平台进行考核材料和相关数据的集成与审核；在专家咨询阶段，评审专家依托作为国家网络管理平台子系统的科研设施与仪器开放共享评价考核系统，对参评单位科研仪器开放共享情况进行咨询、研讨与评价；在现场核查阶段，国家网络管理平台为全面了解核查单位情况和精准抽查仪器设备提供了准确的数据（图5-8）。

图 5-8　国家网络管理平台

　　国家网络管理平台信息化系统在科研仪器主管部门不同类型的业务场景中发挥了核心支撑作用。科技部、财政部每年联合组织实施中央级高等学校和科研院所等单位重大科研基础设施和大型科研仪器开放共享评价考核，考核系统提供的专家管理、任务分配、评价考核、进度管理和评价排名等各项功能支持了 20 多个国务院部门和直属机构所属的近400 家管理单位的数据上报工作，数十位专家在线评审及主管部门的综合管理全面提升了评价考核的工作效率。在查重评议工作方面，科技部、财政部设立的国家重点研发计划、中央级科学事业单位改善科研条件专项、国家重点实验室建设中新购大型科研仪器查重评议工作均以国家网络管理平台科研设施与仪器数据库为基础，利用查重评议系统实现了形式审查、专家评议、申诉、复评的全流程线上操作。此外，国家网络管理平台还支持全国高校和科研院所按照标准规范将免税进口仪器开放服务记录报送至国家网络管理平台，数据通过专线定期传输至海关总署的中国电子口岸系统，从而支撑海关总署对处于监管期内的免税进口仪器的监管。

国家网络管理平台网站根据功能定位和业务布局优化运营模式，围绕市场需求为用户提供资讯浏览、政策解读、制度查询、一站式仪器预约等相关服务，不断扩大用户规模，目前网站已注册各类用户近 8000 户，累计访问量近 800 万次。与此同时，网站还利用自身优势，盘活优质仪器资源，扩大供给规模，促进仪器服务供需双方的有效对接。例如，普洱市质量技术监督综合检测中心是从事产品质量检验、计量检定、特种设备安全检测工作的市级综合性检验机构，该中心自入网以来，业务量及收入较入网前增加了约 15%，它利用入网的 36 台仪器设备为国内相关企业提供食品类、轻工建材类产品分析测试服务近 8.4 万次，同时为 11 项国家、省、市级科研项目提供分析测试服务 1.7 万余次，实现了较好的经济效益和社会效益。在线服务平台建设进展明显。截至目前，91% 的参评单位建立了在线服务平台，79% 的单位实现了与国家网络管理平台的对接，78% 的仪器可以通过在国家网络管理平台一站式预约，跨部门、跨领域、多层次的科研仪器网络服务体系正在逐步形成（图 5-9）。

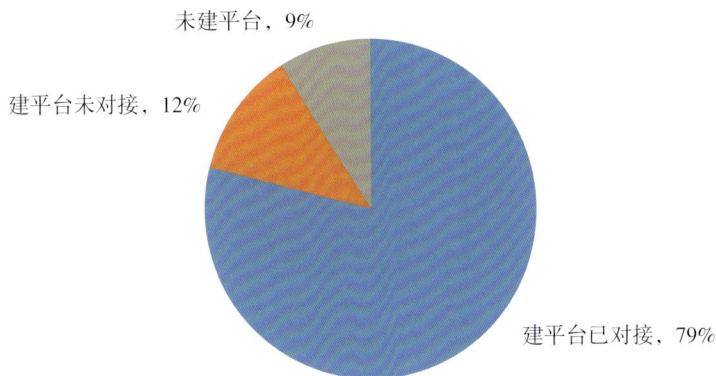

未建平台，9%

建平台未对接，12%

建平台已对接，79%

图 5-9　参评单位在线服务平台建设对接情况

在部门网络管理服务平台建设方面，各部门和多个省市陆续启动建设或升级了一批部门、地方大型科研仪器共用共享平台，并完成了与国家网络管理平台和管理单位在线服务平台的互联对接。目前，部门和地方平台已成为连接国家网络管理平台和管理单位在线服务平台的桥梁和纽带，在构建多层次网络服务体系、促进科研设施与仪器开放共享方面发挥着重要作用。中国科学院专门建设了重大科技基础设施共享服务平台，将中国科学院负责建设运行与共享服务的重大科研基础设施纳入平台管理。中国科学院将该平台按照国家网络管理平台的要求进行了功能升级，实现了其与国家网络管理平台的对接，进一步增强了仪器查找、使用预约等开放共享服务。目前，该平台已在全院 115 个研究所、13 个区域中心、73 个所级中心得到广泛应用，通过该平台联网管理的仪器设备超过 9000 多台（套），总原值近 100 亿元，已成为国内用户最多、在线管理仪器设备数量最大的一套仪器设备管理信息系统（图 5-10）。

图 5-10　中国科学院重大科技基础设施共享服务平台

在地方网络管理服务平台建设方面，部分省份在现有全省大型科学仪器协作共用网的基础上，建立全省统一开放的科研设施与仪器网络管理平台，逐步将全省所有符合向社会开放条件的科研设施与仪器纳入网络平台管理，实现科研设施与仪器申购、使用、服务和评价等的全过程管理。同时，各省份建立在线服务平台，遴选开放共享效果较好、管理制度健全、开放绩效突出和具有代表性的管理单位，按照全省统一的标准和规范，开展管理单位在线服务平台示范点建设，公开科研设施与仪器开放共享制度及其使用信息，实时提供在线服务。各省份在示范点建设的基础上，逐步扩大范围，实现全省科研设施与仪器向社会开放的全覆盖。管理单位在线服务平台、全省科研设施与仪器网络管理平台将统一纳入国家网络管理平台，形成跨地区、跨部门、跨领域、多层次的科研设施与仪器网络管理服务体系。

首都科技条件平台在对接国家网络管理平台的基础上，实现了对在京高校院所和企业仪器资源的有效整合、高效运营和市场化服务，并且通过引入专业中介服务机构及采取科技专项经费支持、开放共享绩效考评后补贴、发放首都科技创新券等一系列创新举措，有力支撑了北京科研基础设施和科研仪器面向社会的开放共享（图 5-11）。目前，该平台建立了以中国科学院、北京大学、清华大学等 22 家研发实验服务基地，生物医药等 10 个领域中心，以及朝阳、丰台等 12 个区工作站为主体的"小核心、大网络"工作体系。截至 2021 年底，该平台共促进北京 3 万余台（套）科研设施与仪器向社会开放共享，总价值超过 300 亿元，涉及新一代信息技术、医药健康、智能制造、新材料、绿色能源与节能环保等高精尖产业领域。该平台 2021 年为北京及其他地区 7000 多家企业提供了服务，服务合同额近 21 亿元。

截至 2020 年底，上海市研发公共服务平台共纳入大型仪器 15 001 台（套），价值 19.68 亿元左右，涉及 823 家单位，累计对外服务次数超过 780 万次（图 5-12）。与 2019 年相比，该平台的仪器数量、仪器价值、涉及单位、对外服务次数都有了较大增长，有效发挥了盘活存量仪器资源、调动各仪器单位共享服务积极性、提高共享服务成效和仪器利用率的作用。

图 5-11　首都科技条件平台

图 5-12　上海大型仪器设施信息服务数据库

安徽省通过对全省原值为 20 万元以上的大型科学仪器设备进行整合集成，搭建了安徽省大型科学仪器设备共享服务平台，提高了大型科学仪器设备的利用效率（图 5-13）。自 2022 年 7 月 1 日起实施的《安徽省科学技术进步条例》明确规定安徽省大型科学仪器设备共享服务平台应当与长三角大型科学仪器设施的共享服务平台互联互通，在购置建设评议、开放共享评价等方面加强协作。安徽省大型科学仪器设备共享服务平台推进了大型科学仪器设备在长三角地区的资源共享，促进4950台（套）大型科学仪器设备开展共享区域内开放与共享服务。

图 5-13　安徽省大型科学仪器设备共享服务平台

在管理单位网络管理服务平台方面，各地管理单位也积极响应大型仪器设备开放共享政策，通过制定开放共享管理制度、设立公共测试中心等实体平台、搭建大型仪器设备开放共享虚拟管理平台等措施，积极推进大型仪器设备开放共享，提高其利用率，提升其服务社会的能力。

西安交通大学建成跨部门、业务系统联动的大型仪器设备物联共享系统（图 5-14）。系统将学校的全部大型仪器设备均纳入平台向校内外开放共享，实现大型仪器设备的公开、公平预约与使用。平台实现了和学校财务、资产、人事等业务系统的实时联动，实现了设备信息查询、预约、使用、缴费全流程在线一体化管理，显著提升了用户体验，改善了设备使用效益。平台基于"物联网+"共享计划，实现了开放服务收费同财务系统实时结算，运行成效数据自动统计，设备使用全天候管控，推动了校内用户信用体系建设。学校还借助该平台积极推进和其他相关系统、平台的对接，包括将满足条件的原值在50万元以上的大型仪器设备接入国家网络管理平台和陕西省科技资源统筹中心向全社会共享，持续提升共享水平，提高仪器使用效益。

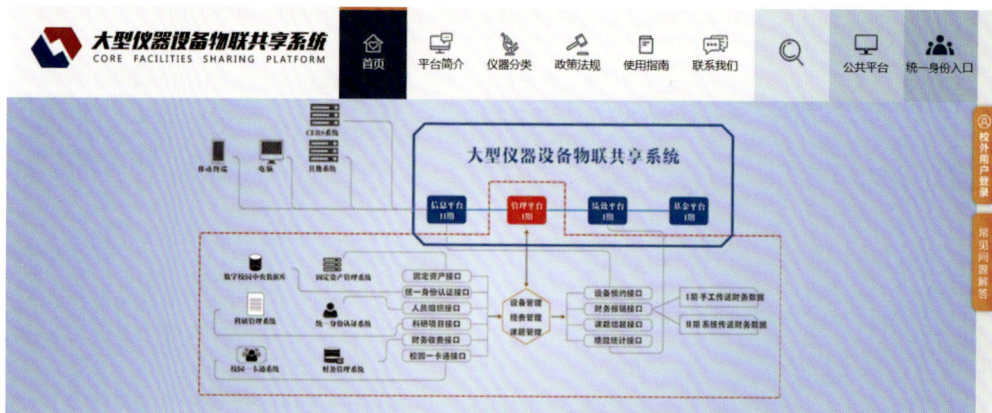

图 5-14　西安交通大学大型仪器设备物联共享系统

　　深圳大学在 2014 年就率先在生命、化学等学科领域建立了院级大型仪器设备共享平台（图 5-15）。其后，通过不断加强制度建设及激励措施，深圳大学目前已经建立了"校、院两级"管理体系及多个院级仪器设备共享平台，消除了仪器利用中的学科分割和单位独占现象，充分实现了资源共享和开放服务，有力支撑了本校和粤港澳大湾区的科技创新。目前，院级平台共有设备 317 台（套），设备总值 4.06 亿元，仪器设备的年台均运行机时处于 800 小时的先进水平。

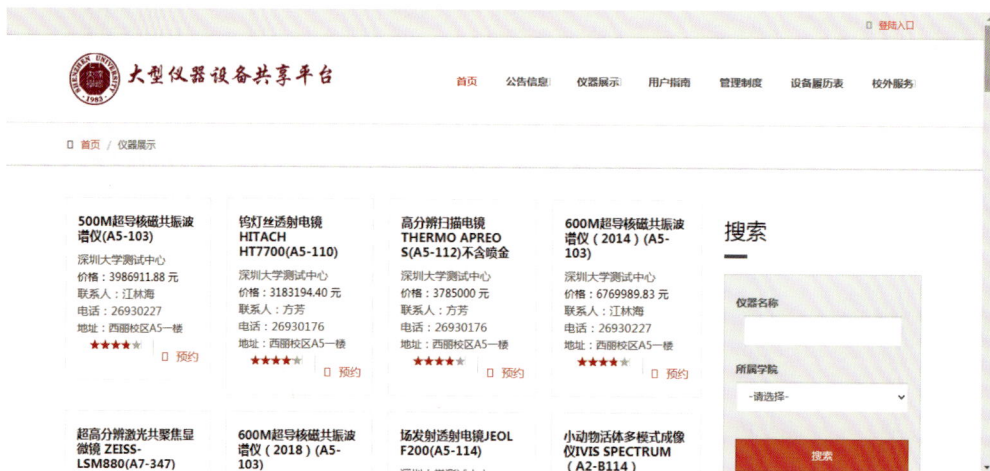

图 5-15　深圳大学大型仪器设备共享平台

自 2012 年起，中国农业科学院生物技术研究所着力建设专业化、规范化、网络化的大型科研仪器共享平台，目前已形成了涵盖农业生物多组学分析系统、全自动高通量植物 3D 成像系统和高性能计算平台等分类系统与模块的功能齐备、水平先进的综合性科研共享服务平台——重点实验仪器共享平台（图 5-16）。该平台不断完善涵盖"人、财、物"方面的大型仪器开放共享管理制度，通过网络管理系统（http://center.bricaas.cn）面向全国全天 24 小时共享，提高了资源利用率。目前它已经与中国科学院多个研究所、中国农科院多个研究所、北京大学、清华大学等 20余家科研院所和高校建立了长期合作关系，为 60 多个科研团队和企业提供了研究方案、技术服务、机时共享、数据处理等多种形式的服务支撑，在 *Nature Communications*、*Nature Plants*、*PNAS* 等高水平学术刊物合作发表论文。

图 5-16 中国农业科学院生物技术研究所重点实验仪器共享平台

（二）大型仪器查重评议不断完善优化

2004 年，财政部、科技部、教育部和中国科学院联合发布了《中央级新购大型科学仪器设备联合评议工作管理办法（试行）》（财教

〔2004〕33 号），建立了 200 万元以上大型科研仪器设备购置的联合评议制度；2014 年，《国务院关于国家重大科研基础设施和大型科研仪器向社会开放的意见》（国发〔2014〕70 号）提出了对于拟新建设施和新购仪器应强化查重评议工作的要求；2019 年，国家科技基础条件平台中心起草了《中央级新购大型科研仪器设备查重评议管理办法》（财科教〔2019〕1 号），于 2019 年 1 月以财政部、科技部联合发文的形式对外发布，进一步明确了查重评议的要求和相关标准；2019 年 5 月，国家科技基础条件平台中心研究制定的《新购大型科研仪器设备查重评议工作规则（试行）》）印发，有效指导查重评议工作的开展。国发〔2014〕70 号文发布以来，国家科技基础条件平台中心共对 2.8 万台（套）大型科研仪器进行了查重评议，8 年来共减少重复购置 4900 多台（套），节约经费 145 亿元，从购置源头上避免了仪器的重复购置，确保财政资金"好钢用在刀刃上"。

各地方积极出台查重评议政策，提高财政资金利用效率。在科技部、财政部组织实施查重评议的带动下，北京市、上海市、江苏省、浙江省、山东省、河北省、湖南省、广西壮族自治区和贵州省等省（自治区、直辖市）也出台了相关政策，开展省级财政资金的新购仪器查重评议工作，取得了较好的效果（表 5-6）。

表 5-6　各省（自治区、直辖市）出台的新购仪器查重评议相关政策文件

序号	省（自治区、直辖市）	文件名称	发布时间	备注
1	北京市	北京市科技计划项目（课题）科研仪器设备购置查重评议工作实施细则（试行）	2017 年	不公开
2	上海市	上海市新购大型科学仪器设施联合评议管理办法	2019 年	公开发布
3	江苏省	江苏省省级新购大型科学仪器设备联合评议工作管理办法	2016 年	公开发布

序号	省（自治区、直辖市）	文件名称	发布时间	备注
4	浙江省	浙江省省级财政资金新购大型科学仪器设备联合评议试行办法	2008 年	公开发布
5	山东省	山东省省级新购大型科学仪器设备联合评议管理试行办法	2010 年	公开发布
6	河北省	河北省新购大型科学仪器设备联合评议工作管理办法	2007 年	公开发布
7	湖南省	湖南省科研基础设施和科研仪器向社会开放管理办法（试行）	2017 年	公开发布
8	广西壮族自治区	广西壮族自治区本级新购大型科学仪器设备联合评议试行办法	2014 年	公开发布
9	贵州省	贵州省新购大型科研仪器设备联合评议管理办法（试行）	2016 年	公开发布

　　高校和科研院所积极建立统筹管理制度，仪器购置论证更加科学。根据财政部、科技部于 2019 年联合发布的《中央级新购大型科研仪器设备查重评议管理办法》，相关部门进一步加强了对新购大型科研仪器的管理，积极引导高校和科研院所在购置仪器时加强统筹论证。很多单位建立了科研仪器建设统筹管理制度，创新了论证方法，强化了购置论证的科学性。例如，河海大学通过完善论证流程、建立论证专家库、严格把关论证过程和监督、执行论证与绩效考核联动机制等方式，不断强化对大型科研仪器的统筹管理，2020 年通过校内论证削减 1/3 以上的仪器购置；厦门大学建立了大型科研仪器的调拨制度，对于本单位限制、仪器性质不适应于本单位科研管理需求，以及已报废但外单位仍有需求的仪器，学校将结合申请单位的需求情况和调拨设备的现状落实校内外接收单位，以减少重复购置，提高仪器利用率。

（三）绩效评价考核工作持续深入推进

自 2018 年开始，科技部、财政部联合相关部门，率先开展了对中央级高校和科研院所科研设施与仪器的开放共享评价考核工作，每年对近 350 家中央级高等学校和科研院所等单位的科研设施与仪器开放共享情况进行评价考核，根据考核结果对仪器利用水平高、开放效果好的单位给予后补助奖励，对仪器闲置浪费严重、开放效果差的单位进行通报批评和督促整改。2022 年，在总结前期评价考核工作经验的基础上，科技部办公厅发布《国家重大科研基础设施和大型科研仪器开放共享评价考核实施细则》，确定了评价考核对象、范围、指标，有效规范了国家重大科研基础设施和大型科研仪器开放共享评价考核和奖惩工作。2018—2022 年评价考核工作共考核 1764 家（次）单位，累计奖补 692 家（次）单位，拨付奖补经费 6.75 亿元，通报需整改的高校和科研院所 60 家（表 5-7、图 5-17、图 5-18），社会关注度高，反响积极，对科研单位落实开放要求起到了有效促进作用，得到了中央全面深化改革委员会办公室和相关部门的普遍认可。与此同时，各地方也积极跟进，组织推动本地区管理单位评价考核相关工作，科研设施与仪器开放共享评价考核和激励引导机制基本形成。

表 5-7　2018—2022 年评价考核结果情况

单位：家（次）

等级	2018 年	2019 年	2020 年	2021 年	2022 年
优秀	41	52	50	50	50
良好	60	89	100	100	100
合格	246	192	197	188	189
较差	26	11	9	8	6

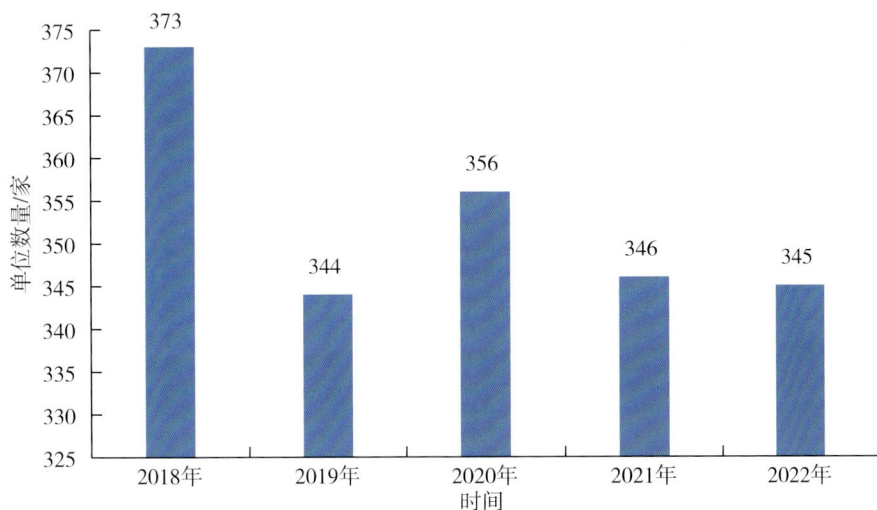

图 5-17　2018—2022 年参加评价考核单位数量

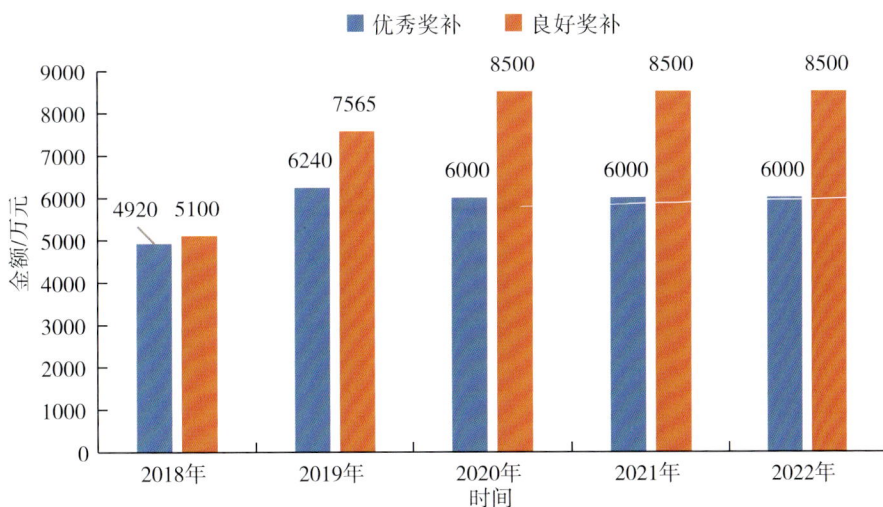

图 5-18　2018—2022 年参加评价考核单位奖补经费情况

　　评价考核方法切实减轻了单位负担，充分发挥了国家网络管理平台的作用，以客观数据为基础，在依据考核指标对参评单位相关数据材料进行会议核查的基础上，有针对性地选择了 20 家单位进行现场核查，最终形成考核结果。考核范围为重大科研基础设施和原值在 50 万元以上大型科研仪器年度开放共享整体情况。考核内容为法人单位落实《意见》

的整体情况，包括组织管理情况、运行使用情况、共享服务成效等三个方面，涵盖了《意见》中明确的法人单位主体责任（表5-8）。

表5-8 国家重大科研基础设施和大型科研仪器开放共享评价考核指标

一级指标	二级指标
组织管理情况（40分）	科研仪器购置统筹管理情况（10分）
	原值50万元以上仪器开放率（5分）
	实验技术队伍建设情况（10分）
	在线服务平台建设（15分）
运行使用情况（40分）	仪器年平均有效工作机时（20分）
	运行使用成效（20分）
共享服务成效（20分）	共享率（10分）
	对外服务成效及用户评价（10分）

数据来源：《科技部办公厅关于印发〈国家重大科研基础设施和大型科研仪器开放共享评价考核实施细则〉的通知》（国科办基〔2022〕93号）。

从考核总体情况看，中央级高校和科研院所等单位的科研设施与仪器开放共享工作有序推进、不断完善、成效明显。纳入国家网络管理平台的科研仪器数量从2016年的3.6万台（套）增长到2021年的13.3万台（套），参与评价考核的中央级高校和科研院所科研仪器开放率达到100%。80%以上的单位建立了校（所）级分析测试中心或公共技术服务中心，将利用率高、受益面广的通用型仪器设备集中管理，面向社会开放服务。中央级单位仪器年平均有效工作机时从2015年的500小时提高到2021年的1351小时，共享率从2015年的不足10%提高到2021年的17%。原值1000万元以上的仪器年平均有效工作机时达到2037小时，平均对外服务机时为660小时，平均共享率为32%，利用和共享水平明显提高。2021年相较2020年每台（套）仪器平均有效工作机时增加了73小时，考核的4万多台（套）仪器增加了292万小时，相当于减少新购2200多台（套）仪器。重大科研基础设施充分发挥了公共平台的作用，在支撑国家重大科研任务、推动产业技术创新、服务国家重大战略需求和国民经济持续发展等方面发挥了重要作用。

在中央级高校和科研院所评价考核工作的指引下，各省（自治区、直辖市）纷纷结合本地区实际情况，制定和完善了相应的考核方法、标准和流程，积极推进地方管理单位科研设施与仪器开放共享评价考核工作。目前，北京市、上海市、江苏省、湖南省等近 20 个省（自治区、直辖市）均开展了评价考核工作。2022 年，上海市开展了大型科学仪器设施开放共享工作考核工作，并根据《上海市大型科学仪器设施共享服务评估与奖励办法》等的规定，对单位、个人及管理者进行了差异化奖励；2022 年 6 月，黑龙江省根据《黑龙江省科研基础设施和大型科研仪器开放共享评价考核与补贴实施细则（试行）》（黑科规〔2022〕1 号），开展 2021 年度科研设施与仪器开放共享评价考核工作，并公布 2021 年度全省科研设施与仪器开放共享评价考核结果与补贴资金名单；深圳市科技创新委员会对 2020—2021 年大型科研仪器开放共享服务进行了考核评价，考核评价工作以客观数据为基础，更加强调仪器运行使用效率，突显法人单位主体责任，通过专家评审和现场核查，形成考核结果；内蒙古自治区科技厅 2022 年科研基础设施与大型科研仪器开放共享评价考核工作，采取会议评审、现场抽查结果及对服务收入确认等方式，确定了对外开放成效显著的单位；其他地方通过开展评价考核工作加强了科研设施与仪器建设和购置的统筹规划，规范了科研设施与仪器运行和开放管理，提升了高水平专业化的实验技术队伍建设，不断提高科技资源开放共享水平。

四、共享机制不断创新，激发市场活力潜力

地方积极探索促进科研设施与仪器开放共享的机制创新，通过积极

推进区域协同、推出科技创新券、探索市场化运行模式等方式，激发开放服务活力。

（一）开放共享区域协同持续推进

近年来，随着特定区域的不同管理单位之间开展跨单位的仪器资源优化整合，有效盘活了仪器和相关的运维、服务与管理资源存量，形成辐射区域或学科的整合优势，提升仪器资源的开放共享与利用率。

打造京津冀协同创新共同体。2018 年，京津冀三地科技部门签署《关于共同推进京津冀协同创新共同体建设合作协议（2018—2020 年）》，明确提出共建创新要素与资源共享平台，促进区域内实验室、科学装置、科技成果等资源共享。2019 年，京津冀科技资源创新服务平台对外开放，通过整合科技机构、科技人才、科技成果、科技项目、仪器设备、科技政策、统计数据、产业数据等科技资源信息，采用"科技资源＋数字地图、互联网＋科技服务"融合模式，面向政府、企业及科研人员提供京津冀区域内科技资源信息查询和评价结果查询、统计分析、地图可视化分析、供需信息发布等服务。同时，该平台制定了《京津冀科技平台科技资源分类与代码》《京津冀科技平台核心元数据》，其已被推广到北京、天津、石家庄、保定、沧州等地区。目前，该平台开展了生物医药、现代农业、生态安全、石油化工等专题领域的应用和石家庄、衡水、天津等部分地区的应用。

推动长三角区域科技资源互通共享。上海、江苏、浙江、安徽相关单位联合共建长三角科技资源共享服务平台，提供长三角跨区域科技资源信息公开、服务共享、管理协同等服务。2018 年，长三角科技资源共享服务平台正式开通。该平台完成了长三角三省一市科技资源的数据接口对接，实现了长三角区域大科学装置、仪器设备、国家级实验室等科技创新资源的开放。截至 2022 年 5 月底，长三角科技资源共享服务平台已集聚长三角区域的重大科研基础设施 23 个、大型科学仪器 40 150 台（套）、国家级科研基地 315 个、科技人才 20 余万名、服务机构 2429 家、服务项目 15 700 余项、国内外标准 160 余万条。从具体使用情况看，仅苏州就有约 1800 家企业共享使用了上海 65 家科技资源服务机构的近 540 台（套）大型科学仪器，服务次数达 5.1 万次，服务金额约 4600 万元。该平台采用市场化手段吸纳更多专业化市场科技服务机构和科技中介服务机构加盟，从而进一步激发跨区域科技资源共享活力。

粤港澳大湾区实现优势互补和协调发展。2019 年，中共中央、国务院发布《粤港澳大湾区发展规划纲要》，明确提出支持重大科技基础设施、重要科研机构和重大创新平台在大湾区布局建设，向港澳有序开放国家在广东建设布局的重大科研基础设施和大型科研仪器。《广东省推进粤港澳大湾区建设三年行动计划 (2018—2020 年)》提出"制定向港澳有序开放国家在广东建设布局的重大科研基础设施和大型科研仪器的相关措施"。粤港澳三地的开放共享合作日趋紧密，充分发挥科技创新动力，在政策规划、产学研合作、社会力量等方面实现突破。中国散裂中子源、国家超级计算广州中心等大科学装置，已全面向港澳地区开放，并在南沙开通国家超级计算广州中心与香港科技园的网络专线，为香港广大科研和产业用户提供专属快线。粤港澳大湾区通过重点实验室、粤港澳联合实验室等各类科研平台实现开放共享的仪器共计 2667 台（套），仪器原值达到 10.8 亿元，其中，在新材料和先进制造领域，参与共享的仪器共计 102 台（套），仪器原值达到 2.3 亿元；在人工智能和新一代信息技术领域，参与共享的仪器达到 129 台（套），仪器原值达到 6073.5 万元；在生物医药、海洋科技和现代农业领域，参与共享的仪器共计 2118 万台（套），仪器原值达到 3.65 亿元；在环境科技和智慧城市领域，参与共享的仪器共计 318 台（套），仪器原值达到 4.25 亿元。

（二）科技创新券得到广泛应用

科技创新券是针对中小企业经济实力不足、创新资源缺乏而设计发行的权益凭证。政府向企业发放科技创新券，企业可以用科技创新券向科技服务机构购买科技成果或研发、设计、检测等科技服务，然后科技服务机构到政府部门兑现科技创新券。科研仪器是中小企业普遍缺乏的创新资源，各地仪器共享服务平台纷纷利用科技创新券激活服务市场，促进高校、科研院所科研仪器面向企业开放共享。

科技创新券引导建立仪器服务新模式。上海、浙江、北京、山东等地区先后推出"互联网＋科技服务＋科技创新券"仪器检测服务等运行模式，不断拓展科技创新券在大型仪器共享服务中的使用范围。截至2021年，上海科技创新券已经覆盖了上海研发公共服务平台的5276台（套）大型科学仪器和125个上海专业技术服务平台提供的866项研发和检测服务，为中小企业提供了2.36万次服务，其中分析、物理性能测试、电子测量等通用性仪器分列使用量的前三位；浙江有1646家创新载体为企业提供服务4.5万次以上，涉及科技创新券金额达1.1亿元，其中仪器设备利用比例近47.5%，推动省属大型科学仪器设备的整体使用率和共享率均增长5%。

科技创新券促进仪器开放规模的扩大。江苏、云南等地区通过科技创新券服务机构遴选，促进相关科研机构成为仪器开放服务主体，建立专业化公共服务平台，推出符合中小企业需求的服务内容。2021年，江苏新增61家科技创新券服务机构，重点聚焦生物医药、新材料、集成电路等领域，优先推出的服务超340项，包括"神威·太湖之光"超级计算机、高分辨率透射电子显微镜等高精尖设施仪器的共享服务，以及基因测序、半导体检测、材料分析测试等研发所需的试验检测服务。截至2021年底，江苏省科技资源统筹服务云平台共集聚科技创新券服务机构292家，上架服务项目1694项，服务科技型中小企业超2000家。云南按季度组织符合条件的机构进入省级科技创新券科技服务机构库，引导省内优质科技创新资源服务科技型中小企业。科技型中小企业通过云南省科技管理信息系统申请科技创新券购买特定的科技服务，并"抵扣"一定比例的服务金额，科技服务机构凭收到的科技创新券向云南省科技厅申请兑付。省级财政科技资金对单项服务的兑付额度最高可达服务金额的 50%。

科技创新券通用通兑促进区域仪器共享。京津冀、长三角等区域通过建立科技创新券通用通兑机制，加快构建科技创新共同体，推动科研仪器等创新资源的区域共享，为企业提供更便捷的服务。2018 年，京津冀三地科技、财政部门签署《京津冀科技创新券合作协议》，三地科技型中小企业和创新创业团队可利用科技创新券跨区域共享科技资源，满足自身创新创业需求。三地按条件遴选本区域的科技服务资源，形成开放实验室目录，首批共有 753 个合作实验室，其中北京 427 个、天津 238 个、河北 88 个。2018 年，首都科技创新券完成年度全部 6592 万元资金的发放与使用工作，支持了 634 家小微企业和 21 个创业团队，天津 700 家科技型中小企业成功申请 2001 万元科技创新券。截至 2021 年 3 月，河北已向科技型中小企业和创新创业团队发放科技创新券 3082 万余元。2021 年，长三角三省一市科技厅（委）等联合发布了《关于开展长三角科技创新券通用通兑试点的通知》，试点地区包括上海市青浦区、江苏省苏州市吴江区、浙江省嘉善县、安徽省马鞍山市。截至 2021 年 11 月，已有近 500 家服务机构、9000 多项服务项目、2.4 万台（套）大型科研仪器被纳入长三角科技资源共享平台，200 多家长三角科技型中小企业跨区获得科研仪器等创新资源的服务，服务金额超过 3000 万元。

（三）市场化运营模式持续创新

部分地区和高校院所通过引入市场化仪器服务平台，推出科研仪器保险产品，建立各种在线仪器设备超市，促进了高校院所大型科研仪器的有效整合、高效运营和市场化服务。

市场化仪器服务平台快速发展。据不完全统计，截至目前，全国各地的市场化仪器服务平台已经超过百个，市场规模超过 3000 亿元。"易科学""牵翼网""找我测""聚仪网""科学指南针"等平台不断拓展与高校、科研院所的合作，积极探索科研仪器市场化运营机制，成为创新主体，特别是中小微企业创新创业需求与科研设施与仪器之间的桥梁（图 5-19、图 5-20、图 5-21）。

图 5-19 "易科学"平台

图 5-20 "牵翼网"平台

图 5-21　"找我测"平台

"找我测"平台为北京科技大学、中国农业科学院、江苏师范大学等单位开辟了服务板块，承接了接待企业订单、宣传服务内容、管理仪器机时等业务，根据仪器类型和技术能力推出了一系列特色服务产品，有效减少了高校、科研院所的管理成本，挖掘了科研设施与仪器的服务潜能，提升了企业的效率和服务质量。

科研仪器设备保险助力开放共享。2021 年，浙江省科技项目管理中心联合太平科技保险股份有限公司推出了全国首款科研仪器设备保险产品"共享保"，旨在降低科研仪器设备在开放共享工作中发生损毁风险造成的经济损失。签约投保的首批设备是浙江理工大学总价值 8794 万元的 113 台（套）大型科研仪器，保费约 10 万元（图 5-22）。目前，这批大型科研仪器已入网浙江省大型科研仪器开放共享平台，并安装了物联网传感器。保险期间，由开放共享使用过程中的意外事故及突发性、不可抗拒等因素造成损失，其部分维修费用将由保险公司承担，单台（套）科研仪器最高保额可达 8 万元。

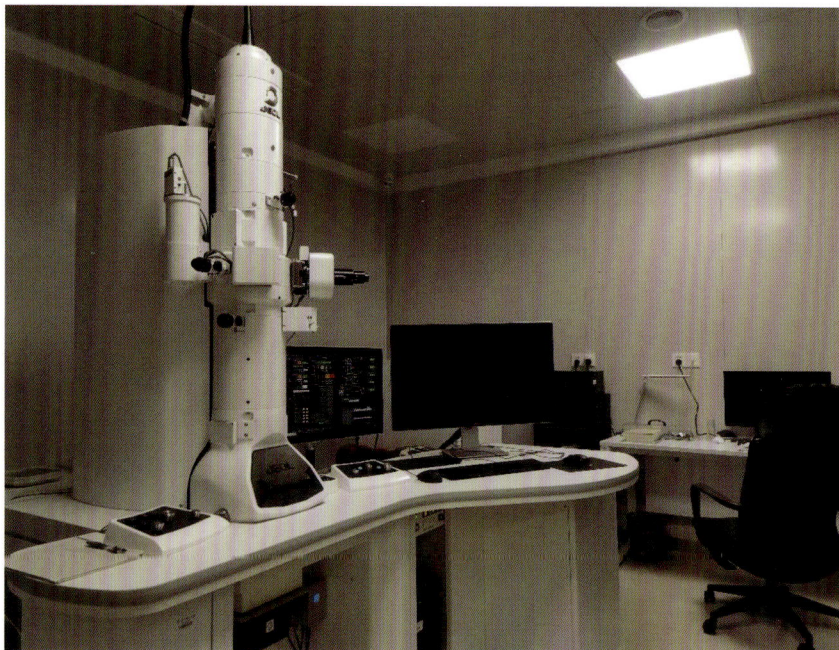

图 5-22　浙江理工大学参与投保的场发射扫描电子显微镜

　　科研仪器网上超市蓬勃发展。2020年底，东莞市科技局按照统一规划、资源共享、市场化运作原则，推出"莞仪在线"科研仪器服务平台，上线5200多台（套）科研仪器设备，搭建了企业与高校、科研院所之间的桥梁，为粤港澳大湾区的企业提供多层次的科研仪器共享服务（图5-23）。"莞仪在线"融合云计算、大数据、物联网等新一代信息技术，汇集了中国散裂中子源、松山湖材料实验室、东莞市质量监督检测中心、东莞理工学院、广东医科大学等研发机构和高校的一大批高精尖科研仪器资源，实现了仪器查询、预约、使用、管理等一系列业务流程，通过积极掌握产业链条各阶段的创新服务需求、加强信息沟通对接，从需求领域、时间要求、检测指标等方面为企业提供精准服务。

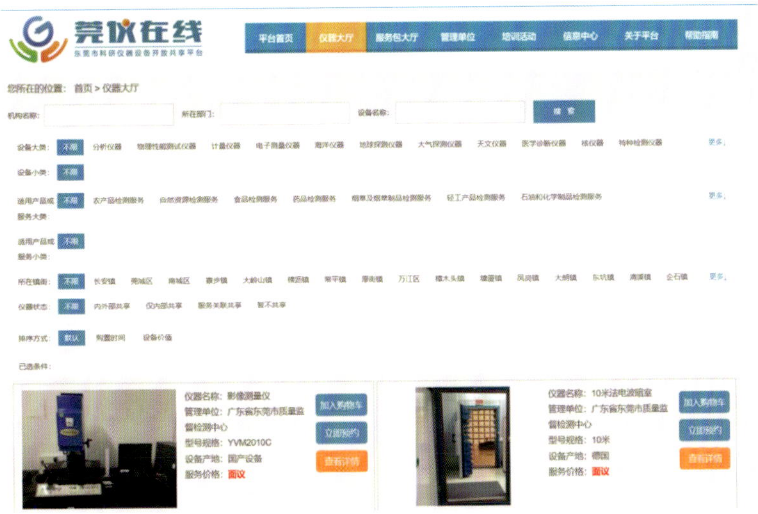

图 5-23 东莞科研仪器网上超市仪器大厅界面

第六章 发展建议与展望

在全球创新竞争的大格局中，大型科研基础设施与科学仪器是重要的支撑力量。在我国科技创新需求不断增加、创新能力不断提升的大趋势下，大型科研基础设施与科学仪器将面对更加旺盛的需求，开放共享工作亟须持续稳步推进。

一、完善重大科研基础设施运行机制，推进国际开放合作

完善重大科研基础设施运行管理和开放共享机制，提升运行质量和成果产出效率。优化用户管理和课题审核制度，优先支撑国家重大科研任务和前沿课题。建立完善设施运行计划管理绩效考核制度，定期对设施运行情况进行评估和考核。制定与重大科研基础设施建设发展配套的人才发展规划，保障重大科研基础设施相关研究与运维队伍的稳定，完善人才分类评价、考核激励制度，培养一批高水平、成建制的研究与工匠队伍。建立完善宣传推广制度，组建和培训专业化设施和平台科普团队，加强设施和平台科普资源开发，发掘设施和平台科普观摩价值，让社会各界认识了解国之重器。

推进重大科研基础设施国际开放共享，开展资源建设、联合研究、数据共享、人才交流等多层次的国际科技合作。建设重大科研基础设施联合实验室或联合中心，推动组织成立强磁场、深地实验室、大水槽等国际同类设施开放共享合作联盟，推动重大科研基础设施依托单位积极参与已有

相关国际大科学计划和国际科技合作组织，吸引世界各国顶尖科学家和科研人才来华参与设施建设和资源共享。加强设施相关国际标准的研制宣贯和应用实施，联合国外相关科研机构共同研制相关数据规范，共建数字化资源库和信息共享网络。

二、优化科研仪器开放共享体系，建设新型信息化平台

强化科研设施与仪器国家网络管理平台功能，指导推进部门、地方和高校院所建设完善在线服务平台，并按照统一的标准规范与国家平台互联对接，实时提供在线服务。建立部门间数据联动长效机制，推进资产登记与开放共享工作的衔接，实现大型科研仪器购置、管理、服务、监督、评价的全链条管理。引导高校院所加强进口仪器实验数据的分级分类管理，提高实验数据安全保障能力。以冷冻电镜、高分辨质谱仪、高频核磁等高端仪器为核心，按区域和学科领域建设国家大型科研仪器中心，建立高水平技术支撑队伍，加强实验技术创新及新方法研究，统筹冷冻电镜等高端仪器购置，完善仪器开放共享和技术服务管理机制，增强对基础研究及企业技术创新的支撑保障能力。

围绕脑科学、人工智能、生物育种等重点领域，打通大型科学仪器中心与科学数据、科技文献、生物资源库等科技资源共享平台资源，建立跨领域跨平台联合服务机制。以科研设施与仪器国家网络管理平台、中国科技资源共享网等科技资源信息平台为基础，集成高端仪器及相关科学数据、实验材料、科技文献等科技资源，建设新型科技资源共享服务信息化基础平台，形成强大的基础研究骨干网络，完善优质科技资源网络服务体系。运用人工智能、大数据、云计算、物联网、区块链等技术，聚焦国际科技竞争热点领域和关键核心技术攻关方向，为科研人员提供集成化服务，加

强科技创新支撑保障能力。

三、强化开放共享激励引导，促进科研仪器优化布局

强化对中央级高校院所科研设施与仪器开放共享的评价考核和奖惩，指导地方开展对省属高校院所的评价考核，推进评价考核与固定资产投资预算管理的统筹。对开放效果好的单位持续给予后补助奖励，引导鼓励相关单位奖励开放服务业绩突出的机组和实验技术人员。对于开放效果差的单位加强督促整改，并采取削减仪器购置预算、暂停新购仪器资格等方式予以约束。激励引导高校院所落实法人主体责任，开展政策制度落实自评，不断完善管理和服务体系。推动高校院所落实实验技术人员岗位、培训、薪酬、评价等政策，建立符合实验技术人员工作特点的评价考核办法，以及与开放服务相适应的岗位培训、薪酬激励等机制，充分调动实验技术人员开放服务积极性。

高质量推进新购仪器查重评议工作，将是否符合实际科研需求、是否具备配套条件和技术人员、是否无法通过仪器共享满足自身需要作为衡量仪器购置必要性和可行性的硬性标准，确保查重评议的科学性和规范性，从源头上避免重复浪费，促进大型科研仪器优化布局和合理增长，指导推动地方科技主管部门开展对省级财政资金新购仪器的查重评议工作。引导科研单位优先购置可替代进口仪器的自主品牌，遴选应用情况较好、用户认可度较高的国产仪器开展应用示范，促进国产仪器迭代升级和性能完善，提升科研仪器国产化替代水平和应用规模。

四、建立和完善区域共享机制，推进开放共享市场化运营

结合京津冀、长三角、粤港澳大湾区等区域发展战略的实施，推进相关区域科研设施与仪器开放服务体系的融合，结合科学数据等其他科技条件资源的共享利用工作，推动区域共享机制的建设和完善，建立区域科研仪器共享服务平台，促进区域科技资源信息公开、服务共享，协同实施创新券、后补助等政策。推动科研设施与仪器国家网络管理平台、国家军民技术成果公共服务平台等网络信息平台互联互通，实现信息共享。加强资源共享的供需对接，集中优质资源，为科技创新提供有针对性的规范化、专业化资源共享服务。通过建立联盟等多种合作方式，促进交叉学科、相近领域、相同地域科研设施和科研仪器中心资源共享，提升协同创新和联合支撑能力。

引导鼓励高校院所在不改变科研仪器所有权条件下，与专业服务机构协议约定服务价格，或者约定服务收入分配比例，授权专业服务机构对科研仪器设备进行市场化运营管理，提高科研仪器设备使用效率。推动国有企业科研机构的科研设施与仪器开放共享，建立行业共享服务中心。引导高校院所和第三方仪器服务平台建立仪器共享服务联盟，服务中小微企业科技创新。加强国内高端仪器维修维护体系建设，建立仪器维修维护共享服务平台，构建集仪器关键零部件研发、仪器维修维护和升级改造、实验室综合保障服务和仪器工程师培养等为一体的仪器保障体系。

附　录

附录 1　主要国家（地区）重大科研基础设施清单

一、美国重大科研基础设施列表

序号	英文名称	中文名称	运行状态	时间	管理单位	依托机构	地点
能源科学							
1	DIII-D National Fusion Facility（DIII-D）	DIII-D 国家聚变设施	运行	1986 年运行	能源部	通用原子能（GA）	加利福尼亚州圣迭戈市
2	National Spherical Torus Experiment -Up-grade（NSTX-U）	国家球形环面实验 – 升级	运行	2016 年运行	能源部	普林斯顿等离子体物理国家实验室橡树岭国家实验室	新泽西州普林斯顿市
生命科学							
1	Joint Genome Institute（JGI）	联合基因组研究所	运行	1997 年运行	能源部	劳伦斯伯克利国家实验室	加利福尼亚州伯克利市
2	National Ecological Observatory Network（NEON）	国家生态观测网	运行 / 建设	2017 年运行	NSF	Battelle 纪念研究所	俄亥俄州哥伦布市

续表

序号	英文名称	中文名称	运行状态	时间	管理单位	依托机构	地点
地球系统与环境科学							
1	Atmospheric Radiation Measurement (ARM) Climate Research Facility	大气辐射测量气候研究设施	运行	1989年运行	能源部	阿贡国家实验室 布鲁克海文国家实验室 劳伦斯伯克利国家实验室 劳伦斯利弗莫尔国家实验室 洛斯阿拉莫斯国家实验室 国家可再生能源实验室 橡树岭国家实验室 西北太平洋国家实验室 桑迪亚国家实验室	阿拉斯加北部 南部平原地区 大西洋东北部
2	Environmental Molecular Sciences Laboratory (EMSL)	环境分子科学实验室	运行	1997年运行	能源部	西北太平洋国家实验室	华盛顿州里奇兰市
3	United States Antarctic Program	美国南极计划	运行	1956年运行	NSF	雷多斯创新公司	弗吉尼亚州雷斯顿市（总部）
4	Academic Research Fleet Regional Class Research Vessel (RCRV)	学术研究船队区域研究船	运行/建设	1969年运行 2017年建设 2020年运行	NSF	不同机构（21艘研究船）俄勒冈州立大学	俄勒冈州科瓦利斯市

续表

序号	英文名称	中文名称	运行状态	时间	管理单位	依托机构	地点
5	International Ocean Discovery Program-JOIDES Resolution	国际海洋发现计划－乔迪斯号科考船	运行	1985年运行	NSF	得克萨斯 A&M 研究基金会	得克萨斯州卡城市
6	National Center for Atmospheric Research（NCAR）	国家大气研究中心	运行	1960年运行	NSF	大学大气研究联盟	科罗拉多州博尔德市（数据存储）怀俄明州夏延市（超算中心）
7	National Geophysical Observatory for Geoscience（NGEO）	国家地球物理天文台	运行	2016年运行	NSF	UNAVCO 组织	分布式
8	Geodesy Advancing Geosciences and Earth-Scope（GAGE）	先进测地学设施	运行	2013年运行	NSF	UNAVCO 组织	分布式
9	Seismological Facilities for the Advancement of Geoscience and Earth-Scope（SAGE）	先进地震学设施	运行	2014年运行	NSF	地震学研究机构联盟	分布式
10	Ocean Observatories Initiative（OOI）	海洋观测计划	运行	2009年运行	NSF	海洋领先联盟	华盛顿特区（总部）
11	Advanced Modular Incoherent Scatter Radar（AMISR）	先进模块化非相干散射雷达	运行	2006年运行	NSF	SRI 国际研究所	加利福尼亚州旧金山市（总部，分布式）

续表

序号	英文名称	中文名称	运行状态	时间	管理单位	依托机构	地点
12	National Deep Submer-gence Facility（NDSF）	国家深海探测装置	运行	1964年运行	NSF	伍兹霍尔海洋研究所	马萨诸塞州伍兹霍尔（移动式）

材料科学

序号	英文名称	中文名称	运行状态	时间	管理单位	依托机构	地点
1	Advaneed Light Source（ALS）	先进光源	运行	1993年运行	能源部	劳伦斯伯克利国家实验室	加利福尼亚州伯克利市
2	Advanced Photon Source（APS）	先进光光子源	运行	1996年运行	能源部	阿贡国家实验室	伊利诺伊州杜佩奇县
3	Linac Coherent Light Source（LCLS）	直线加速器相干光源	运行	2010年运行	能源部	SLAC国家加速器实验室	加利福尼亚州旧金山湾区
4	National Synchro-tron Light Source II（NSLS-II）	国家同步辐射光源II	运行	2015年运行	能源部	布鲁克海文国家实验室	纽约州长岛市
5	Stanford Synchrotron Radiation Light Source（SSRL）	斯坦福同步辐射光源	运行	1974年运行	能源部	SLAC国家加速器实验室	加利福尼亚州门洛帕克
6	Spallation Neutron Source（SNS）	散裂中子源	运行	2006年运行	能源部	橡树岭国家实验室	新泽西州普林斯顿市
7	High Flux Isotope Reactor（HFIR）	高通量同位素反应器	运行	1966年运行	能源部	橡树岭国家实验室	新泽西州普林斯顿市

续表

序号	英文名称	中文名称	运行状态	时间	管理单位	依托机构	地点
8	Center for Functional Nanomaterials（CFN）	功能纳米材料中心	运行	2008年运行	能源部	布鲁克海文国家实验室	纽约州长岛市
9	Center for Integrated Nanotechnologies（CINT）	综合纳米技术中心	运行	2006年运行	能源部	洛斯阿拉莫斯国家实验室	新墨西哥州阿尔伯克基市（核心设施）新墨西哥州洛斯阿拉莫斯（网关设施）
10	Center for Nanophase Materials Sciences（CNMS）	纳米材料科学中心	运行	2006年运行	能源部	橡树岭国家实验室	新泽西州普林斯顿市
11	Center for Nanoscale Materials（CNM）	纳米材料中心	运行	2007年运行	能源部	阿贡国家实验室	伊利诺伊州芝加哥市
12	The Molecular Foundry（TMF）	分子工厂设施	运行	2006年运行	能源部	劳伦斯伯克利国家实验室	加利福尼亚州伯克利市
13	Cornell High Energy Synchrotron Source（CHESS）	康奈尔高能同步辐射光源	运行	2006年运行	NSF	康奈尔大学	纽约州伊萨卡市
14	National High Magnetic Field Laboratory（NHMFL）	国家强磁场实验室	运行	1994年运行	NSF	佛罗里达州立大学洛斯阿拉莫斯国家实验室	佛罗里达州塔拉哈希市、新墨西哥州洛斯阿拉莫斯

续表

序号	英文名称	中文名称	运行状态	时间	管理单位	依托机构	地点
15	National Nanotechnology Coordinated Infrastructure（NNCI）	国家纳米技术协调基础设施	运行	2015 年运行	NSF	16 个大学联盟	分布式

空间和天文科学

序号	英文名称	中文名称	运行状态	时间	管理单位	依托机构	地点
1	Arecibo Observatory	阿雷西博天文台	运行	1974 年运行	NSF	康奈尔大学	波多黎各阿雷西博
2	Green Bank Observatory（GBO）	绿色银行天文台	运行	2016 年运行	NSF	大学联合会	分布式
3	Gemini Observatory	双子座天文台	运行	2000 年运行	NSF	大学天文研究联盟	智利、夏威夷
4	Very Long Baseline Array（VLBA）	甚长基线阵列	运行	1993 年运行	NSF	大学联合会	分布式
5	Laser Interferometer Gravitational-wave Observatory（LIGO）	激光干涉仪引力波天文台	运行 / 建设	2002 年运行	NSF	加州理工大学	路易斯安那州利文斯顿市、华盛顿州汉福德
6	Large Synoptic Survey Telescope（LSST）	大型综合巡天望远镜	建设	2014 年建设 2022 年运行	NSF	大学天文研究联盟	智利

续表

序号	英文名称	中文名称	运行状态	时间	管理单位	依托机构	地点
7	National Optical Astronomy Observatory（NOAO）	国家光学天文台	运行	1982年运行	NSF	大学天文研究联盟	亚利桑那州、智利
8	National Radio Astronomy Observatory（NRAO）	国家射电天文台	运行	1956年运行	NSF	大学联合会	西弗吉尼亚州绿岸
9	Very Large Array（VLA）	甚大天线阵列	运行	1980年运行	NSF	大学联合会	新墨西哥州
10	National Solar Observatory（NSO）	国家太阳观测站	运行	1952年运行	NSF	大学天文研究联盟	亚利桑那州、新墨西哥州
11	Daniel K. Inouye Solar Telescope（DKIST）	丹尼尔·K·Inouye太阳望远镜	建设	2013年建设 2019年运行	NSF	大学天文研究联盟	夏威夷
12	Atacama Large Millimeter/ Submillimeter Array（ALMA）	阿塔卡玛大型毫米波/亚毫米波阵列	运行	2013年运行	NSF	大学联合会	智利阿塔卡玛沙漠
粒子物理和核物理							
1	Fermilab Accelerator Complex	费米实验室加速器综合体	运行	2012年运行	能源部	费米国家实验室	伊利诺斯州巴塔维亚

续表

序号	英文名称	中文名称	运行状态	时间	管理单位	依托机构	地点
2	Facility for Advanced Accelerator Experimental Tests（FACET）	先进加速器实验测试装置	运行	2012 年运行	能源部	SLAC 国家加速器实验室	加利福尼亚州旧金山湾区
3	Accelerator Test Facility（ATF）	加速器测试装置	运行	1992 年运行	能源部	布鲁克海文国家实验室	纽约州长岛市
4	Argonne Tandem Linac Accelerator System（ATLAS）	阿贡串行直线加速器系统	运行	1985 年运行	能源部	阿贡国家实验室	伊利诺伊州
5	Continuous Electron Beam Accelerator Facility（CEBAF）	连续电子束加速器设施	运行	1994 年运行	能源部	托马斯杰斐逊国家实验室	维吉尼亚州纽波特纽斯市
6	Relativistic Heavy Ion Collider（RHIC）	相对论重离子对撞机	运行	2000 年运行	能源部	布鲁克海文国家实验室	纽约州长岛市
7	Facility for Rare Isotope Beams（FRIB）	稀有同位素束流设施	建设	2014 年建设 2022 年建成	能源部	密歇根州立大学	密歇根州东兰辛市
8	Deep Underground Neutrino Experiment（DUNE）	深地中微子实验	建设	2017 年开始建设 2026 年建成	能源部	费米国家实验室、SLAC 国家加速器实验室	伊利诺斯州巴塔维亚、加利福尼亚州旧金山湾区

续表

序号	英文名称	中文名称	运行状态	时间	管理单位	依托机构	地点
9	Dark Energy Camera (DECam)	暗能量照相机	运行	2012年开始	能源部	费米国家实验室、赛拉托洛洛洲际天文台	智利 科金博大区
10	National Superconducting Cyclotron Laboratory (NSCL)	国家超导回旋加速器实验室	运行	1963年运行	NSF	密歇根州立大学	密歇根州 东兰辛市
11	IceCube Neutrino Observatory (IceCube)	冰立方中微子天文台	运行	2010年运行	NSF	威斯康星大学	南极
12	Large Hadron Collider (LHC)	大型强子对撞机	运行/设计/建设	2009年运行	NSF	纽约州立大学石溪分校 普林斯顿大学	瑞士 日内瓦
13	Next Generation B Factory Detector Systems (Belle-II)	B介子工厂	运行	2016年开始	能源部	日本高能加速器研究机构	日本茨城县
14	Daya Bay Reactor Neutrino Experiment	大亚湾反应堆中微子实验	运行	2012年开始	能源部	中国科学院高能物理研究所	中国广东大亚湾
15	LUX-ZEPLIN (LZ) Dark Matter Experiment	LZ暗物质实验	建设	2017年建设 2020年建成	能源部	劳伦斯伯克利国家实验室	南达科他州

续表

序号	英文名称	中文名称	运行状态	时间	管理单位	依托机构	地点
工程技术科学							
1	Argonne Leadership Computing Facility（ALCF）	阿贡高性能计算设施	运行	2006 年运行	能源部	阿贡国家实验室	伊利诺伊州
2	Energy Sciences Network（ESnet）	能源科学网络	运行	1988 年运行	能源部	劳伦斯伯克利国家实验室	加利福尼亚州伯克利市
3	National Energy Research Scientific Computing Center（NERSC）	国家能源研究科学计算中心	运行	1996 年运行	能源部	劳伦斯伯克利国家实验室	加利福尼亚州伯克利市
4	Oak Ridge Leadership Computing Facility（OLCF）	橡树岭高性能计算设施	运行	2005 年运行	能源部	橡树岭国家实验室	新泽西州普林斯顿市
5	Natural Hazards Engineering Research Infrastructure（NHERI）	自然灾害工程研究基础设施	运行	2015 年运行	NSF	11 所大学联合管理	分布式

二、欧盟重大科研基础设施列表

序号	英文简称	中文名称	运行状态	时间	牵头国家（组织）
能源科学					
1	ECCSEL ERIC	欧洲二氧化碳捕获与封存实验基础设施	运行	2008 年规划 2016 年运行	挪威
2	JHR	Jules Horowitz 反应堆	建设	2006 年规划 2022 年运行	法国
3	EU-SOLARIS	欧洲太阳能研究基础设施	建设	2010 年规划 2020 年运行	西班牙
4	IFMIF-DONES	用于中子源的测试、验证和认定的国际核聚变材料辐照设施	建设	2018 年规划 2029 年运行	西班牙
5	MYRRHA	多功能混合高技术应用研究反应堆	建设	2010 年规划 2027 年运行	比利时
6	WindScanner	欧洲风能研究基础设施	建设	2010 年规划 2021 年运行	丹麦
生命科学					
1	BBMRI ERIC	生物体样本库与生物分子资源研究设施	运行	2006 年规划 2014 年运行	奥地利
2	EATRIS ERIC	欧洲先进转化医学研究基础设施	运行	2006 年规划 2013 年运行	荷兰

续表

序号	英文简称	中文名称	运行状态	时间	牵头国家（组织）
3	ECRIN ERIC	欧洲临床研究基础设施网络	运行	2006年规划 2014年运行	法国
4	ELIXIR	欧洲生物信息学基础设施升级	运行	2006年规划 2014年运行	英国
5	EMBRC ERIC	欧洲海洋生物资源中心	运行	2008年规划 2017年运行	法国
6	ERINHA	欧洲高致病因子研究基础设施	运行	2008年规划 2018年运行	法国
7	EU-OPENSCREEN ERIC	欧洲化学生物学开放式筛选平台基础设施	建设	2008年规划 2019年运行	德国
8	Euro-BioImaging	欧洲生命和生物医学科学成像技术研究基础设施	运行	2008年规划 2016年运行	芬兰、意大利、EMBL（德国）
9	INFRAFRONTIER	欧洲小鼠疾病模型生产、表型分析、存档与分布研究基础设施	运行	2006年规划 2013年运行	德国
10	INSTRUCT ERIC	综合结构生物学基础设施	运行	2006年规划 2017年运行	英国
11	AnaEE	生态系统分析与实验基础设施	建设	2010年规划 2019年运行	法国
12	EMPHASIS	欧洲多尺度植物表型组学与模拟基础设施	建设	2016年规划 2021年运行	德国

续表

序号	英文简称	中文名称	运行状态	时间	牵头国家（组织）
13	EU-IBISBA	工业生物技术创新和合成生物学加速器	建设	2018 年规划 2025 年运行	法国
14	ISBE	欧洲系统生物学基础设施	建设	2010 年规划 2019 年运行	英国
15	METROFOOD-RI	食品和营养计量基础设施	建设	2018 年规划 2019 年运行	意大利
16	MIRRI	欧洲微生物资源研究基础设施	建设	2010 年规划 2021 年运行	德国
地球系统与环境科学					
1	EISCAT-3D	下一代欧洲非相干散射雷达系统	建设	2008 年规划 2022 年运行	瑞典
2	EMSO ERIC	欧洲多学科海底和水量观测设施	运行	2006 年规划 2016 年运行	意大利
3	EPOS	欧洲地质板块观测系统	建设	2008 年规划 2020 年运行	意大利
4	EURO-ARGO ERIC	全球海洋观测基础设施－欧洲部分	运行	2006 年规划 2014 年运行	法国
5	IAGOS	欧洲全球观测系统现役航空器	运行	2006 年规划 2014 年运行	德国、法国

续表

序号	英文简称	中文名称	运行状态	时间	牵头国家（组织）
6	ICOS ERIC	综合碳观测系统	运行	2006 年规划 2016 年运行	芬兰
7	LifeWatch ERIC	生物多样性和生态系统研究电子基础设施	运行	2006 年规划 2017 年运行	西班牙
8	ACTRIS	气溶胶、云、痕量气体研究基础设施网络	建设	2016 年规划 2025 年运行	芬兰
9	DANUBIUS-RI	河海系统国际先进研究中心	建设	2016 年规划 2022 年运行	罗马尼亚
10	DiSSCo	分布式科学馆藏系统	建设	2018 年规划 2025 年运行	待定
11	eLTER	欧洲长期生态系统研究	建设	2018 年规划 2026 年运行	德国
材料科学					
1	ELI	强激光基础设施	运行	2006 年规划 2018 年运行	ELI-DC （比利时）
2	EMFL	欧洲磁场实验室	运行	2008 年规划 2014 年运行	德国、法国、荷兰
3	ESRFEBS	欧洲同步辐射装置极亮光源	建设	2016 年规划 2023 年运行	法国

续表

序号	英文简称	中文名称	运行状态	时间	牵头国家（组织）
4	European Spallation Source ERIC	欧洲散裂中子源	建设	2006 年规划 2025 年运行	丹麦、瑞典
5	European XFEL	欧洲 X 射线自由电子激光器	运行	2006 年规划 2017 年运行	European XFEL（德国）
空间和天文科学					
1	CTA	切伦科夫望远镜阵列	建设	2008 年规划 2024 年运行	德国
2	ELT	极大望远镜	建设	2006 年规划 2024 年运行	ESO（德国）
3	SKA	平方千米阵列	建设	2006 年规划 2027 年运行	英国
4	KM3NeT 2.0	立方千米中微子望远镜 2.0	建设	2016 年规划 2020 年运行	荷兰
5	EST	欧洲太阳望远镜	建设	2016 年规划 2029 年运行	西班牙
6	VLT	甚大望远镜	运行	1999 年运行	ESO（德国）
7	VISTA	可见光及红外天文巡天望远镜	运行	2000 年建设 2009 年运行	ESO（德国）
8	VST	甚大巡天望远镜	运行	2007 年建设 2011 年运行	ESO（德国）

续表

序号	英文简称	中文名称	运行状态	时间	牵头国家（组织）
9	NGTS	下一代凌星巡天望远镜	运行	2015 年运行	ESO（德国）
粒子物理与核物理					
1	FAIR	反质子和离子研究设施	建设	2006 年规划 2025 年运行	德国
2	HL-LHC	高亮度大型强子对撞机	建设	2016 年规划 2026 年运行	瑞士
3	ILL	劳厄 - 郎之万研究所	建设	2006 年规划 2020 年运行	法国
4	SPIRAL2	第二代在线同位素分离放射性束流装置	建设	2006 年规划 2019 年运行	法国
工程技术科学					
1	PRACE	欧洲先进计算合作伙伴关系	运行	2006 年规划 2010 年运行	PRACE - AISBL（比利时）

三、英国重大科研基础设施列表

序号	英文名称	中文名称	运行状态	时间	管理机构
能源科学					
1	Mega Amp Spherical Tokamak（MAST）	球形兆安培托卡马克	运行	2015年运行	英国原子能署
2	European Carbon Dioxide Capture and Storage Laboratory Infrastructure（ECCSEL）	欧洲二氧化碳捕获与封存实验基础设施	运行/建设	2008年规划 2016年运行	自然环境研究理事会
生命科学					
1	European Life-Science Infrastructure for Biological Information（ELIXIR）	欧洲生命科学生物信息设施	运行	2006年规划 2011年运行	生物技术和生物科学研究理事会
2	Institute for Animal Health（IAH）	动物卫生研究所	运行	2012年运行	生物技术和生物科学研究理事会
3	European Research Infrastructure for Imaging Technologies in Biological and Biomedical Sciences（Euro-BioImaging）	欧洲生物和生物医学成像技术研究基础设施	运行	2008年规划 2014—2017年建设 2017年运行	生物技术和生物科学研究理事会
4	European Infrastructure for Multi-scale Plant Phenomics and Simulation for Food Security in a Changing Climate（EMPHASIS）	欧洲多尺度植物物组学和模拟气候变化环境下的粮食安全基础设施	建设	2016年规划 2018—2020年建设 2020年运行	生物技术和生物科学研究理事会
5	Mary Lyon Centre（MLC）	玛丽里昂中心	运行	2006年运行	医学研究理事会
6	Research Complex at Harwell	哈威尔综合研究平台	运行	2010年运行	医学研究理事会
7	UK Biobank	英国生物银行	运行	2010年运行	医学研究理事会

续表

序号	英文名称	中文名称	运行状态	时间	管理机构
8	UK Centre for Medical Research and Innovation（UK CMRI）	英国医学研究与创新中心	运行	2015年运行	医学研究理事会
9	Laboratory for Molecular Biology(LMB)	分子生物学学验室	运行	2012年运行	医学研究理事会
地球系统与环境科学					
1	Antarctic Marine Capabilities	南极海洋设施	运行	2014年运行	自然环境研究理事会
2	Atmospheric Research Aircraft	大气研究飞机	运行	2015年运行	自然环境研究理事会
3	Environmental Omics Bioinformatics Facility	环境组学生物信息学设施	运行	2016年运行	自然环境研究理事会
4	Oceanographic Research Ship	海洋考船	运行	2007年运行	自然环境研究理事会
5	Rothera Research Station, Antartica	南极罗泰拉研究站	运行	2018年运行	自然环境研究理事会
6	Next Generation European Incoherent Scatter Radar System（EISCAT_3D）"European Incoherent Scatter Radar（E ISC AT）	新一代欧洲非相干散射雷达系统	建设/运行	2015—2022年实施和建设 2010年运行	自然环境研究理事会
7	Svalbard Integrated Arctic Earth Observing System（SIOS）	斯瓦尔巴群岛综合北极地球观测系统	建设	2008年规划 2020年运行	自然环境研究理事会

续表

序号	英文名称	中文名称	运行状态	时间	管理机构
8	ESA-RAL Advanced Manufacturing Laboratory	ESA-RAL 先进制造实验室	运行	2016 年运行	科学技术设施理事会
9	Chilbolton Facility for Atmospheric and Radio Research（CFARR）	大气和无线电研究设施	运行	1996 年运行	科学技术设施理事会
10	European Multidisciplinary Seafloor and water-column Observatory（EMSO）	欧洲多学科海底与水量观测设施	运行	2006 年规划 2016 年运行	自然环境研究理事会
11	Integrated Carbon Observation System（ICOS ERIC）	碳监测综合系统	运行	2006 年规划 2016 年运行	自然环境研究理事会
12	European Plate Observing System（EPOS）	欧洲地质板块观测系统	建设	2008 年规划 2020 年运行	自然环境研究理事会
13	Aerosols, Clouds and Trace Gases Research Infrastructure（ACTRIS）	气溶胶、云、痕量气体研究基础设施网络	建设	2016 年规划 2025 年运行	自然环境研究理事会
14	International Centre for Advanced Studies on River-Sea Systems（DANUBIUS-RI）	国际河海系统先进研究中心	建设	2016 年规划 2022 年运行	自然环境研究理事会
15	European Contribution to the International Argo Programme（EURO-ARGO ERIC）	全球海洋观测基础设施 – 欧洲部分	运行	2006 年规划 2014 年运行	自然环境研究理事会
材料科学					
1	Accelerators and Lasers in Combined Experiments（ALICE）	加速器和激光器组合实验	建设	2009—2011 年	科学技术设施理事会
2	Accelerator Science and Technology Centre（ASTeC）	加速器科技中心	运行	2001 年运行	科学技术设施理事会

续表

序号	英文名称	中文名称	运行状态	时间	管理机构
3	Compact Linear Accelerator for Research and Applications（CLARA）	紧凑型直线加速器	建设	2013 年建设	科学技术设施理事会
4	Diamond Light Source	钻石光源	运行	2007 年运行	科学技术设施理事会
5	Electron Machine of Many Applications（EMMA）	多应用电子装置	建设	2011 年运行	科学技术设施理事会
6	ISIS	ISIS 中子和介子源	运行	2007 年运行	科学技术设施理事会
7	Muon Ionisation Cooling Experiment（MICE）	介子电离冷却实验	建设	2014 年运行	科学技术设施理事会
8	Versatile Electron Linear Accelerator（VELA）	多功能电子直线加速器	建设	2016 年运行	科学技术设施理事会
9	Centre for Advanced Laser Technology and Applications（CALTA）	先进激光技术与应用中心	运行	2011 年运行	科学技术设施理事会
10	European Synchrotron Radiation Facility（ESRF），XMaS: X-ray Materials Science Facility at the ESRF	欧洲同步辐射光源	运行	2016 年升级 2022 年运行	科学技术设施理事会
11	European X-Ray Free Electron Laser（XFEL）	欧洲 X 射线自由电子激光	运行/建设	2006 年规划 2017 年运行	科学技术设施理事会
12	Instituet Laue-Langevin（ILL）	劳厄－郎之万研究所	运行	1967 年运行	科学技术设施理事会

续表

序号	英文名称	中文名称	运行状态	时间	管理机构
空间和天文科学					
1	RAL Space	卢瑟福空间实验室	运行	—	科学技术设施理事会
2	UK Astronomy Technology Centre	英国天文技术中心	运行	—	科学技术设施理事会
3	European 3rd Generation Gravitational Wave Observatory（Einstein Telescope）	欧洲第三代引力波天文台	建设	2008 年建设	科学技术设施理事会
4	European Extremely Large Telescope（ELT）	欧洲极大望远镜	建设	2006 年规划 2024 年运行	科学技术设施理事会
5	Square Kilometre Array（SKA）	平方千米阵列	建设	2006 年规划 2020 年运行	科学技术设施理事会
粒子物理与核物理					
1	Central Laser Facility（CLF） Artemis CALTA Gemini Optics Clustered to OutPut Unique Solution（OCTOPUS） Ultra VULCAN	中央激光设施	运行	1976 年运行	科学技术设施理事会

续表

序号	英文名称	中文名称	运行状态	时间	管理机构
2	Facility for Antiproton and Ion Research（FAIR）	反质子和离子研究设施	运行	2010 年运行	科学技术设施理事会
3	Large Hadron Collider（LHC）	大型强子对撞机	运行	2016 年升级 2026 年运行	科学技术设施理事会
4	High Power Laser Energy Research Project（HiPER）	高功率激光能量研究项目	建设	2011 年建设	科学技术设施理事会
5	Neutrino Factory	中微子工厂	建设	2010 年建设	科学技术设施理事会
工程技术科学					
1	Grid for Particle Physic（GridPP）	粒子物理网格	运行	2007 年运行	科学技术设施理事会
2	Distributed Research Using Advanced Computing（DiRAC）	分布式高性能计算研究设施	运行	2012 年运行	科学技术设施理事会
3	Hartree Centre	哈特里中心	运行	2012 年运行	科学技术设施理事会

四、德国重大科研基础设施列表

能源科学

序号	英文名称	中文名称	运行状态	时间	管理机构
1	The Wendelstein 7-X Stellarator（W7-X）	仿星器	建设	2019 年运行	马普学会 亥姆霍兹联合会
2	ASDEX Upgrade	ASDEX 升级聚变能装置	运行	1991 年运行	亥姆霍兹联合会
3	GeoLaB	地球能源科学地下实验室	建设	2015 年规划 2021 年运行	亥姆霍兹联合会
4	Living Lab Energy Campus（LLEC）	能源消耗模拟实验室	建设	2015 年规划 2019 年运行	亥姆霍兹联合会
5	HOVER	放射性废物处置实验平台	建设	2015 年规划 2020 年运行	亥姆霍兹联合会
6	High Power Grid Lab	高功率电网实验室	建设	2015 年规划 2021 年运行	亥姆霍兹联合会

生命科学

序号	英文名称	中文名称	运行状态	时间	管理机构
1	IPL–InVivo Pathophysiology Laboratory	IPL 体内病理生理学实验室	运行	2017 年运行	亥姆霍兹联合会
2	The National Cohort-Nationwide, Long-term Epidemiological study（GNC）	德国长期流行病学研究	运行	2014 年运行	亥姆霍兹联合会 莱布尼茨学会

续表

序号	英文名称	中文名称	运行状态	时间	管理机构
3	Forschungs- und Entwicklungszentrum fur Radio-pharmazie（FER）	放射医疗研究与发展中心	建设	2015 年规划 2020 年运行	亥姆霍兹联合会
4	Centre for Individualized Infection Medicine（CUM）	个体感染医学中心	建设	2015 年规划 2022 年运行	亥姆霍兹联合会
5	Klinische Forschungsplattform fur Neurodegenerative Erkrankungen	神经退行性疾病临床研究平台	建设	2015 年规划 2022 年运行	亥姆霍兹联合会
6	Imaging Center - Tracer Discovery and Metabolic Imaging	成像中心－示踪发现和代谢成像	建设	2015 年规划 2020 年运行	亥姆霍兹联合会
7	Interdisciplinary Centre for Biomaterials and Bio-technologies Research（ICBBR）	生物材料与生物技术研究跨学科中心	建设	2015 年规划 2020 年运行	亥姆霍兹联合会
8	EU-OPENSCREEN	欧洲化学生物学开放筛选平台基础设施	运行	2018 年运行	Campus Berlin Buch
9	ECRIN	欧洲临床研究基础设施网络	运行	2004 年运行	临床协调中心网络
10	Infrafrontier-Systemic phenotyping，Archiving and Distribution of Mouse Models	欧洲生命科学样本（老鼠）资源与研究基础设施	运行	2013 年运行	Infrafrontier GmbH

地球系统与环境科学

序号	英文名称	中文名称	运行状态	时间	管理机构
1	New Research Vessel Polarstern	北极星号科考船	建设	2018 年运行	亥姆霍兹联合会
2	New Research Vessel Poseidon	海神号科考船	运行	2017 年运行	亥姆霍兹联合会

续表

序号	英文名称	中文名称	运行状态	时间	管理机构
3	New Research Vessel Sonne	太阳号科考船	运行	2014 年运行	德国汉堡大学
4	High-performance Climate Computer HLRE 3	气候超级计算机	运行	2015 年运行	马普学会 亥姆霍兹联合会
5	MODULAR OBSERVATION SOLUTIONS FOR EARTH SYSTEMS（MOSES）	地球系统模块化观测设施	建设	2015 年规划 2020 年运行	亥姆霍兹联合会
6	ATMO-SAT	全球大气观测卫星	建设	2015 年规划 2022 年运行	亥姆霍兹联合会
7	AIDA-Grande	大气相互作用动力学平台	建设	2015 年规划 2019 年运行	亥姆霍兹联合会
8	Techniklabor Ozean-Eis	海洋冰技术实验室	建设	2015 年规划 2018 年运行	亥姆霍兹联合会
9	UrbENO	城市环境变化观测设施	建设	2015 年规 2019 年运行	亥姆霍兹联合会
10	Tandem-L	Tandem-L 地表观测卫星	建设	2015 年规划 2021 年运行	亥姆霍兹联合会
11	ICOS - Integrated Carbon Observation System	ICOS 碳排监测综合系统	运行	2016 年运行	欧盟
12	In-service Aircraft for a Global Observing System（IAGOS）	欧洲全球观测系统现役航天器	运行	2014 年运行	IAGOS-AISBL 协会

续表

材料科学

序号	英文名称	中文名称	运行状态	时间	管理机构
1	BERLinPro	柏林能量回收型直线加速器	建设	2013 年建设 2018 年运行	亥姆霍兹联合会
2	FLASH II	自由电子激光装置 FLASH- II	运行	2014 年运行	亥姆霍兹联合会
3	BESSY II BESSY - VSR	BESSY II	运行	1998 年运行	亥姆霍兹联合会
4	PETRA III	PETRA III	运行	2009 年运行	亥姆霍兹联合会
5	DESY NanoLab	DESY 纳米实验室	运行	2016 年运行	亥姆霍兹联合会
6	Ion Beam Centre（IBC）	离子束中心	运行	1992 年运行	亥姆霍兹联合会
7	German Engineering Materials Centre（GEMS）	德国工程材料中心	运行	2005 年运行	亥姆霍兹联合会
8	Julich Centre for Neutron Research am Forschungsgreaktor FRM II（JCNS）	JCNS 中子研究中心	运行	2006 年运行	亥姆霍兹联合会
9	Heinz Maier-Leibnitz Zentrum am Forschungsreaktor FRM II（MLZ）	迈尔 - 莱布尼茨中心	运行	2004 年运行	亥姆霍兹联合会
10	Dresden High Magnetic Field Laboratory（HLD）	德累斯顿强磁场实验室	运行	2007 年运行	亥姆霍兹联合会
11	High-Power Radiation Sources（ELBE）	大功率放射源中心	运行	2006 年运行	亥姆霍兹联合会

续表

序号	英文名称	中文名称	运行状态	时间	管理机构
12	High-Field Magnet（HFM）	HFM 强磁场装置	运行	2015 年运行	亥姆霍兹联合会
13	Global Cosmic Ray Observatories	全球宇宙射线观测设施	规划	2015 年规划 2030 年运行	亥姆霍兹联合会
14	FLASH Upgrade1201	自由电子激光装置 FLASH 升级	规划	2015 年规划 2020 年运行	亥姆霍兹联合会
15	PETRA Ⅳ	PETRA Ⅳ	规划	2015 年规划 2026 年运行	亥姆霍兹联合会
16	BESSY Ⅲ	BESSY Ⅲ	规划	2015 年规划 2028 年运行	亥姆霍兹联合会
17	Hochbrillianz Spallationsquelle（HBS）	高亮度散裂源	规划	2015 年规划 2033 年运行	亥姆霍兹联合会
18	Large Scale European Facilities in Electron Microscopy	欧洲大型电子显微镜设施	建设	2015 年规划 2018 年运行	亥姆霍兹联合会
19	Karlsruhe Center for Optics & Photonics（KCOP）	卡尔斯鲁厄光学与光子学中心	建设	2015 年规划 2021 年运行	亥姆霍兹联合会
20	Innovationsplattform fur Lasttragende und Multi-funktionale Materialsysteme（InnoMatSy）	多功能材料系统创新平台	规划	2015 年规划 2020 年运行	亥姆霍兹联合会

续表

序号	英文名称	中文名称	运行状态	时间	管理机构
21	XFEL- European X Ray Free-Electron Laser Facility，XFEL Phase Ⅱ	欧洲 X 射线自由电子激光	运行	2017 年运行 2015 年规划 2030 年运行	XFEL GmbH
22	ELI	强激光基础设施	建设	2018 年运行	欧盟
23	ESS	欧洲散裂中子源	运行	2019 年运行	欧盟
24	Large Hadron Collider（LHC）LHC - Upgrades	大型强子对撞机	建设	2015 年规划 2023 年运行	亥姆霍兹联合会
空间和天文科学					
1	INFLIGHT SYSTEMS & TECHNOLOGY AIR-BORNE RESEARCH（iSTAR）	空中飞行系统与技术机载研究	建设	2015 年规划 2018 年运行	亥姆霍兹联合会
2	CONCURRENT CERTIFICATION CENTRE（C-Cube）	航空航天组件认证中心	运行	2015 年规划 2017 年运行	亥姆霍兹联合会
3	CTA-Cherenkov Telescope Array	切伦科夫望远镜阵列	建设	2019 年建设	CTA 理事会
4	E-ELT	欧洲极大望远镜	建设	2024 年运行	ESO
粒子物理与核物理					
1	Universal Linear Accelerator（UNILAC）	通用线性加速器	运行	2006 年运行	亥姆霍兹联合会
2	Schwerion Synchrotron（SIS-18）	SIS-18	运行	2008 年运行	亥姆霍兹联合会

续表

序号	英文名称	中文名称	运行状态	时间	管理机构
3	Experimentier Speicher Ring（ESR）CRYRING@ESR	储存环实验	运行	2014 年运行	亥姆霍兹联合会
4	Cooler Synchrotron（COSY）	冷却同步加速器	运行	2014 年运行	亥姆霍兹联合会
5	BER Ⅱ	柏林研究反应堆	运行	1973 年运行	亥姆霍兹联合会
6	PHELIX	PHELIX 激光设施	运行	2004 年运行	亥姆霍兹联合会
7	Petawatt Optical Laser Amplifier for Radiation Intensive Experiments（Polaris）	辐射强化实验拍瓦激光放大器	运行	2008 年运行	亥姆霍兹联合会
8	Jülich Short-pulsed Particle and Radiation Centre（JuSPARC）	于利希短脉冲粒子和辐射中心	建设	2015 年规划 2019 年运行	亥姆霍兹联合会
9	Accelerator Technology Helmholtz iNfrAstructure（ATHENA）	亥姆霍兹加速器技术设施	规划	2015 年规划 2021 年运行	亥姆霍兹联合会
10	FAIR	反质子和离子研究基础设施	建设	2022 年运行	FAIR GmbH
工程技术研究					
1	NGTFT	下一代列车研究平台	建设	2015 年规划 2017 年运行	亥姆霍兹联合会
2	NGC-FID	下一代汽车－研究基础设施及示范	建设	2015 年规划 2019 年运行	亥姆霍兹联合会

续表

序号	英文名称	中文名称	运行状态	时间	管理机构
3	Helmholtz Data Federation（HDF）	亥姆霍兹数据联盟	建设	2015 年规划 2021 年运行	亥姆霍兹联合会
4	GCS - Gauss Centre for Supercomputing	高斯超级计算中心	运行	2017 年运行	德国联邦教研部

五、法国重大科研基础设施列表

生命科学

序号	英文名称	中文名称	运行状态	时间	牵头管理机构
1	Testing Facilities for Hydrodynamics and Marine Renewable Energy（Theorem）	水动力学和海洋可再生能源测试设备	运行	2015 年建设 2016 年运行	南特中央理工学院
2	W（Tungsten）Environment for Steady-state Tokamaks（WEST）	W（通斯滕）稳态托卡马克环境	运行	2016 年建设 2017 年运行	法国原子能机构
3	Solar Thermal Research Infrastructure for Concentrated Solar Power（FR-SOLARIS）	太阳能热集中发电研究设施	运行	1959 年建成 1972 年运行	法国国家科研中心
4	European Carbon Dioxide Capture and Storage Laboratory Infrastructure（ECCSEL-FR）	欧洲二氧化碳捕获与存储实验设施	运行	2008 年建设 2016 年运行	法国地质矿产调查总局
5	Plateforme de decouverte de molecules bioactives pour comprendre et soigner le vivant（CHEMBIOFRANCE）	生物活性分子发现平台	运行	2017 年建设 2018 年运行	法国国家科研中心
6	Population-based epidemiological cohorte（CONSTANCES）	人类流行病学研究	运行	2012 年建成 2014 年运行	凡尔赛大学
7	French Network Infrastructure for Mesenchymal Stem Cell（MSC）-based therapies（ECELLFRANCE）	法国间充质干细胞基础疗法网络基础设施	运行	2012 年建成并投入运行	蒙彼利埃大学

续表

序号	英文名称	中文名称	运行状态	时间	牵头管理机构
8	Infrastructure Nationale de Recherche pour la lutte contre les maladies infectieuses animales emergentes ou zoonotiques par l' exploration in vivo（EMERG'IN）	活体检测国家研究平台（新发动物或人畜共同传染病）	运行	2018年建设 2018年运行	法国农业科学研究院
9	France Life Imaging（FLI）	法国生命影像设施	运行	2012年建成并投入运行	法国原子能机构
10	French National Genomics and Bioinformatics Infrastructure（FRANCE GENOMIQUE）	法国国家基因组学和生物信息学设施	运行	2011年建成并投入运行	法国原子能机构
11	French Infrastructure for Integrated Structural Biology（FRISBI）	法国综合结构生物学设施	运行	2012年建成并投入运行	法国国家科研中心
12	Industrial Biotechnology Innovation and Synthetic Biology Accelerator（IBISBA-FR）	工业生物技术创新与合成生物学加速器	运行	2010年建成 2012年运行	法国国家科研中心
13	Infectious Deseases Models for Innovative Therapies（IDMIT）	传染性疾病创新疗法模型	运行	2015年建成并投入运行	法国原子能机构
14	French Institute of Bioinformatics（IFB）	法国生物信息学研究所	运行	2013年建成 2014年运行	法国国家科研中心
15	National Infrastructure for Pluripotent Stem Cells and Tissue Engineering（INGESTEM）	国家多功能干细胞设施和组织工程	运行	2012年建成并投入运行	法国国家健康与医学研究院
16	French National Infrastructure for Metabolomics and Fluxomics（METABOHUB）	法国国家代谢组学和通量组学设施	运行	2013年建成 2017年运行	法国农业科学研究院

续表

序号	英文名称	中文名称	运行状态	时间	牵头管理机构
17	Translational Research Infrastructure for Innovative Therapies in Neuroscience（NEURATRIS）	神经科学创新疗法的转化研究设施	运行	2012 年建成并投入运行	法国原子能机构
18	Pre Industrial Geno Therapy Consortium（PGT）	基因治疗工业前导联盟	运行	2011 年建成并投入运行	Genethon 研究所
19	Proteomics French Infrastructure（PROFI）	蛋白质组学法国基础设施	运行	2012 年建成并投入运行	法国国家科研中心
20	Collecteur Analyseur de Donnees（CAD）	数据分析收集设施	建设	2018 年建设2020 年运行	法国国家健康与医学研究院
21	Infrastructure Nationale pour la creation, l'elevage, le phenotypage, la distribution et l'archivage d'organismes modeles（CELPHEDIA）	模式生物创建、繁殖、表型分析和归档国家基础设施	运行	2008 年建成并投入运行	法国国家科研中心
22	National Marine Biological Resource Center（EMBRC-FRANCE）	国家海洋生物资源中心	运行	2011 年建成2015 年运行	皮埃尔和玛丽·居里大学
23	France-BioImaging（FBI）	法国生物成像设施	运行	2011 年建成2013 年运行	法国国家科研中心
24	French Clinical Research Infrastructure Network（F-CRIN）	法国临床研究基础网络	运行	2012 年建成并投入运行	法国国家健康与医学研究院
25	European Molecular Biology Laboratory（EMBL）	欧洲分子生物实验室	运行	1974 年建成	法国教育部

续表

序号	英文名称	中文名称	运行状态	时间	牵头管理机构
26	Highly Infectious Diseases Dedicated Infrastructure Extension（HIDDEN）	高传染致病专用设施	运行	2011 年建成 2016 年运行	法国国家健康与医学研究院
地球系统与环境科学					
1	The French Oceanographic FleetData（FOF）	法国海洋舰队	运行	2011 年运行	法国国家科研中心
2	National Infrastructure for Earth System Climate Modelling - France（ClimERI-FR）	国家地球系统气候模拟基础设施 – 法国	运行	2016 年建成并投入运行	法国国家科研中心
3	Seashore and Coastal Research Infrastructure（ILICO）	海岸带研究基础设施	运行	2016 年建成并投入运行	法国国家科研中心
4	Infrastructure Nationale de recherche pour la gestion adaptative des forets（IN-SYLVA FRANCE）	适应性森林管理国家研究基础设施	运行	2018 年运行	法国农业科学研究院
5	Pole National de Donnees de Biodiversite（PNDB）	生物多样性数据集群设施	运行	2018 年运行	法国生物多样性署
6	Agronomic Resources for Research（RARE）	农艺研究资源	运行	2015 年建设 2016 年运行	法国农业科学研究院
7	French Naturalist Collections Network（RECOLNAT）	法国博物网络	建设	2018 年运行	法国自然历史博物馆
8	French Airborne Environment Research Service（SAFIRE）	法国机载环境研究服务	运行	2005 年建设 2006 年运行	法国国家太空研究中心

序号	英文名称	中文名称	运行状态	时间	牵头管理机构
9	Poles de donnees et services pour le systeme Terre（IR SYSTeME TERRE）	地球系统数据服务中心	运行	2016 年建设 2020 年运行	法国国家科研中心
10	French seismic and geodetic network / European Plate Observing System（RESIF / EPOS）	法国地震大地测量网 / 欧洲板块观测系统	运行	2011 年建成	法国国家科研中心
11	European Centre for Mediu-Range Weather Forecasts Data（CEPMMT / ECMWF）	欧洲中期天气预报中心	运行	1975 年建成 1979 年运行	法国教育部
12	French–Italian Antarctic Station（CONCORDIA）	法国 – 意大利南极站	运行	1998 年建成 2005 年运行	埃米尔·维克多极地研究所
13	European Consortium for Ocean Drilling Research/International Ocean Discovery Program（ECORD/IODP）	欧洲海洋钻探研究联盟 / 国际海洋探索计划	运行	2013 年运行	法国国家科研中心
14	European Contribution to Argo Programme（EURO-ARGO）	欧洲 Argo 贡献计划	运行	2011 年运行	法国海洋开发研究院
15	Integrated Carbon Observation System（ICOS-FR）	综合碳观测系统	运行	2013 年建设 2016 年运行	法国原子能机构
16	Aerosol, Cloud and Trace Gases Research Infrastructure - France（ACTRIS-FR）	气溶胶、云和微量气体研究基础设施 – 法国	建设	拟于 2018 年运行	法国国家科研中心
17	Analyses et Experimentations sur les Ecosystemes-France（ANAEE-FRANCE）	欧洲生态系统分析和实验	运行	2011 年运行	法国国家科研中心

续表

序号	英文名称	中文名称	运行状态	时间	牵头管理机构
18	European Long-Term Ecosystem Research in Europe（E-LTER）	欧洲长期生态研究	运行	2017 年建成并投入运行	法国国家科研中心
19	European Multi-environment Plant Phenomics and Simulation Infrastructuremics（EMPHASIS-FR）	欧洲多环境植物表型组学与模拟设施	运行	2012 年建设2013 年运行	法国农业科学研究院
20	European Multidisciplinary Seafloor and Water Column Observatory（EMSO-FR）	欧洲多学科海底与水量观测设施	运行	1991 年建成	法国国家科研中心
21	In-service Aircraft for Global Observing System（IAGOS）	全球观测系统现役航天器	运行	2011 年建成并投入运行	法国国家科研中心
材料科学					
1	ORPHEE/Laboratoire Leon BrillouinData（ORPHEE/LLB）	利昂布里渊实验室	运行	1974 年建成1980 年运行	法国原子能机构
2	Laboratory for the Use of Intense Lasers（APOLLON）	强激光实验室	运行	1994 年建成2003 年和 2018 年利用	法国国家科研中心
3	PETAwatt Aquitaine Laser Data（PETAL）	拍瓦阿基坦激光	运行	2008 年建成2016 年运行	法国原子能机构
4	French National Nanofabrication Network Personnel（RENATECH）	法国国家纳米加工网络	运行	2003 年建成并投入运行	法国国家科研中心

续表

序号	英文名称	中文名称	运行状态	时间	牵头管理机构
5	The National High Magnetic Field Laboratory（LNCMI）	国家强磁场实验室	运行	2009 年运行	法国国家科研中心
6	European Synchrotron Radiation Facility（ESRF）	欧洲同步辐射光源	运行	1988 年建成 1994 年运行	法国国家科研中心
7	European Spallation Source Data（ESS）	欧洲散裂源	建设	2014 年建成 2023—2025 年运行	法国国家科研中心
8	Institute Max von Laue-Paul Langevin（ILL）	劳厄－朗之万研究所	运行	1969 年建成 1971 年运行	法国国家科研中心
9	French National Synchrotron Facility Construction（SOLEIL）	法国国家同步加速器设施	运行	2002 年建成 2008 年运行	法国国家科研中心
10	European X-ray Free Electron Laser Data（XFEL）	欧洲 X 射线自由电子激光	运行	2009 年建成 2017 年运行	法国原子能机构
空间和天文科学					
1	Institute for Radio Astronomy at Millimeter Wavelength Data（IRAM）	毫米波射电天文学研究所	运行	1979 年建成	法国国家科研中心（47%），德国马普学会（47%），西班牙国家地理研究所（6%）
2	European Southern Observatory（ESO）	欧洲南方天台	运行	1965 年运行	法国国家科研中心

续表

序号	英文名称	中文名称	运行状态	时间	牵头管理机构
3	Atacama Large Millimeter/Submillimiter Array Data（ESOALMA）	阿塔卡马毫米波/亚毫米波阵列	运行	2013 年运行	南方天文台
4	Canada-France-Hawaii Telescope（CFHT）	加拿大－法国－夏威夷望远镜	运行	1974 年建成 1977 年运行	法国国家科研中心
5	Cherenkov Telescope Array（CTA）	切伦科夫望远镜阵列	建设	2018—2019 年运行	法国原子能机构
6	Square Kilometre Array（SKA）	平方千米阵列射电望远镜	建设	2020 年建成 2025 年运行	法国国家科研中心
7	European Gravitational Observatory-VIRGO Data（EGO-VIRGO）	欧洲 VIRGO 引力波天文台	运行	1996 年建成 2003 年运行	法国国家科研中心
粒子物理与核物理					
1	Grand National Heavy Ion Accelerator（GANIL），Radioactive Ion Production System in Line of 2nd generation（SPIRAL2）（GANIL-SPIRAL2）	国家重离子加速器、第二代在线同位素分离放射性束流装置	运行	1976 年建成 1983 年运行	法国原子能机构
2	Observatoire Pierre Auger（PAO）	皮埃尔·奥格天文台	运行	2000 年建设 2004 年运行	法国国家科研中心
3	European Organization for Nuclear Research-Large Hardron Collider（CERN - LHC）	大型强子对撞机	运行	1954 年建成，维护 Phase I：2019; Phase II：2007	法国原子能机构

续表

序号	英文名称	中文名称	运行状态	时间	牵头管理机构
4	Facility for Antiproton and Ion Research（FAIR）	反质子与离子研究设施	建设	2013 年建设 2022 年运行	法国原子能机构
5	Deep Underground Neutrino Experiment（DUNE）	深地中微子实验	建设	2018 年建设 2024 年运行	法国国家科研中心
6	Jiangmen Underground Neutrino Observatory（JUNO）	江门地下中微子实验	建设	2015 年建设 2022 年运行	法国国家科研中心
7	Kilometre Cube Neutrino Telescope（KM3NeT）	立方千米中微子望远镜	运行		法国国家科研中心
8	Large Synoptic Survey Telescope Data（LSST）	大型综合巡天望远镜	建设	拟 2022 年运行	法国国家科研中心

工程技术科学

序号	英文名称	中文名称	运行状态	时间	牵头管理机构
1	Strasbourg Astronomical Data Centre（CDS）	斯特拉斯堡天文数据中心	运行	1972 年运行	法国国家科研中心
2	SILECS Infrastructure for Large-scale Experimental Computer Science（SILECS）	SILECS 大规模实验计算机科学基础设施	建设	2018 年建设 2019 年运行	法国国家信息与自动化研究所
3	Transfert et Interfaces : Mathematiques, Entreprises et Societe（TIMES）	转移和接口：数学、商业和社会	运行	2018 年建成并投入运行	法国国家科研中心
4	Grand Equipement National de Calcul Intensif（GENCI）	大型综合计算研究设施	运行	2007 年建成并投入运行	法国国家科研中心

续表

序号	英文名称	中文名称	运行状态	时间	牵头管理机构
5	Reseau national de telecommunications pour la technologie, l'enseignement et la recherche (RENATER)	国家通信技术教育研究网络	运行	1993 年建成并投入运行	法国国家科研中心
6	Centre de Calcul de l'IN2P3 (CC-IN2P3)	IN2P3 计算中心	运行	1986 年建成并投入运行	法国国家科研中心
7	FRANCE GRILLES	科研数据和计算研究基础设施	运行	2010 年建成并投入运行	法国国家科研中心

附录2　开放共享主要政策制度

国务院关于国家重大科研基础设施和大型科研仪器向社会开放的意见

（国发〔2014〕70号）

各省、自治区、直辖市人民政府，国务院各部委、各直属机构：

国家重大科研基础设施和大型科研仪器（以下称科研设施与仪器）是用于探索未知世界、发现自然规律、实现技术变革的复杂科学研究系统，是突破科学前沿、解决经济社会发展和国家安全重大科技问题的技术基础和重要手段。近年来，科研设施与仪器规模持续增长，覆盖领域不断拓展，技术水平明显提升，综合效益日益显现。同时，科研设施与仪器利用率和共享水平不高的问题也逐渐凸显出来，部分科研设施与仪器重复建设和购置，存在部门化、单位化、个人化的倾向，闲置浪费现象比较严重，专业化服务能力有待提高，科研设施与仪器对科技创新的服务和支撑作用没有得到充分发挥。为加快推进科研设施与仪器向社会开放，进一步提高科技资源利用效率，现提出以下意见。

一、总体要求

（一）指导思想。以邓小平理论、"三个代表"重要思想、科学发展观为指导，深入贯彻党的十八大和十八届二中、三中、四中全会精神，认真落实党中央和国务院的决策部署，围绕健全国家创新体系和提高全社会创新能力，通过深化改革和制度创新，加快推进科研设施与仪器向高校、科研院所、企业、社会研发组织等社会用户开放，实现资源共享，避免部门分割、单位独占，充分释放服务潜能，为科技创新和社会需求服务，为实施创新驱动发展战略提供有效支撑。

（二）主要目标。力争用三年时间，基本建成覆盖各类科研设施与仪器、统一规范、功能强大的专业化、网络化管理服务体系，科研设施与仪器开放共享制度、标准和机制更加健全，建设布局更加合理，开放水平显著提升，分散、重复、封闭、低效的问题基本解决，资源利用率进一步提高。

（三）基本原则。

制度推动。制定促进科研设施与仪器开放的管理制度和办法，明确管理部门和单位的责任，理顺开放运行的管理机制，逐步纳入法制化轨道，推动非涉密和无特殊规定限制的科研设施与仪器一律向社会开放。

信息共享。搭建统一的网络管理平台，实现科研设施与仪器配置、管理、服务、监督、评价的全链条有机衔接。

资源统筹。既要盘活存量，统筹管理，挖掘现有科研设施与仪器的潜力，促进利用效率最大化；又要调控增量，合理布局新增科研设施与仪器，以开放共享推动解决重复购置和闲置浪费的问题。

奖惩结合。建立以用为主、用户参与的评估监督体系，形成科研设施与仪器向社会服务的数量质量与利益补偿、后续支持紧密挂钩的奖惩机制。

分类管理。对于不同类型的科研设施与仪器，采取不同的开放方式，制定相应的管理制度、支撑措施及评价办法。

（四）适用范围。科研设施与仪器包括大型科学装置、科学仪器中心、科学仪器服务单元和单台套价值在 50 万元及以上的科学仪器设备等，主要分布在高校、科研院所和部分企业的各类重点实验室、工程（技术）研究中心、分析测试中心、野外科学观测研究站及大型科学设施中心等

研究实验基地。其中，科学仪器设备可以分为分析仪器、物理性能测试仪器、计量仪器、电子测量仪器、海洋仪器、地球探测仪器、大气探测仪器、特种检测仪器、激光器、工艺试验仪器、计算机及其配套设备、天文仪器、医学科研仪器、核仪器、其他仪器等 15 类。

二、重点措施

（一）所有符合条件的科研设施与仪器都纳入统一网络平台管理。

科技部会同有关部门和地方建立统一开放的国家网络管理平台，并将所有符合条件的科研设施与仪器纳入平台管理。科研设施与仪器管理单位（以下简称管理单位）按照统一的标准和规范，建立在线服务平台，公开科研设施与仪器使用办法和使用情况，实时提供在线服务。管理单位的服务平台统一纳入国家网络管理平台，逐步形成跨部门、跨领域、多层次的网络服务体系。

管理单位建立完善科研设施与仪器运行和开放情况的记录，并通过国家网络管理平台，向社会发布科研设施与仪器开放制度及实施情况，公布科研设施与仪器分布、利用和开放共享情况等信息。

（二）按照科研设施与仪器功能实行分类开放共享。

对于大型科学装置、科学仪器中心，有关部门和管理单位要将向社会开放纳入日常运行管理工作。对于科学仪器服务单元和单台套价值在 50 万元及以上的科学仪器设备，科技行政主管部门要加强统筹协调，按不同专业领域或仪器功能，打破管理单位的界限，推动形成专业化、网络化的科学仪器服务机构群。对于单台套价值在 50 万元以下的科学仪器设备，可采取管理单位自愿申报、行政主管部门择优加入的方式，纳入国家网络管理平台管理。对于通用科学仪器设备，通过建设仪器中心、分析测试中心等方式，集中集约管理，促进开放共享和高效利用。对于拟新建设施和新购置仪器，应强化查重评议工作，并将开放方案纳入建设或购置计划。管理单位应当自科研设施与仪器完成安装使用验收之日起 30 个工作日内，将科研设施与仪器名称、规格、功能等情况和开放制度提交国家网络管理平台。

鼓励国防科研单位在不涉密条件下探索开展科研设施与仪器向社会开放服务。

对于利用科研设施与仪器形成的科学数据、科技文献（论文）、科技报告等科技资源，要根据各自特点采取相应的方式对外开放共享。开放共享情况要作为科技资源建设和科技计划项目管理考核的重要内容。

（三）建立促进开放的激励引导机制。

管理单位对外提供开放共享服务，可以按照成本补偿和非营利性原则收取材料消耗费和水、电等运行费，还可以根据人力成本收取服务费，服务收入纳入单位预算，由单位统一管理。管理单位对各类科研设施与仪器向社会开放服务建立公开透明的成本核算和服务收费标准，行政主管部门要加强管理和监督。对于纳入国家网络管理平台统一管理、享受科教用品和科技开发用品进口免税政策的科学仪器设备，在符合监管条件的前提下，准予用于其他单位的科技开发、科学研究和教学活动。探索建立用户引导机制，鼓励共享共用。

统筹考虑和严格控制在新上科研项目中购置科学仪器设备。将优先利用现有科研设施与仪器开展科研活动作为各科研单位获得国家科技计划（专项、基金等）支持的重要条件。

鼓励企业和社会力量以多种方式参与共建国家重大科研基础设施，组建专业的科学仪器设备服务机构，促进科学仪器设备使用的社会化服务。

（四）建立科研设施与仪器开放评价体系和奖惩办法。

科技部会同有关部门建立评价制度，制定评价标准和办法，引入第三方专业评估机制，定期对科研设施与仪器的运行情况、管理单位开放制度的合理性、开放程度、服务质量、服务收费和开放效果进行评价考核。评价考核结果向社会公布，并作为科研设施与仪器更新的重要依据。对于通用科研设施与仪器，重点评价用户使用率、用户的反馈意见、有效服务机时、服务质量以及相关研究成果的产出、水平与贡献；对于专用科研设施与仪器，重点评价是否有效组织了高水平的设施应用专业团队以及相关研究成果的产出、水平与贡献。

管理单位应在满足单位科研教学需求的基础上，最大限度推进科研设施与仪器对外开放，不断提高资源利用率。对于科研设施与仪器开放效果好、用户评价高的管理单位，同级财政部门会同有关部门根据评价考核结果和财政预算管理的要求，建立开放共享后补助机制，调动管理单位开放共享积极性。对于不按规定如实上报科研设施与仪器数据、不按规定公开开放与利用信息、开放效果差、使用效率低的管理单位，科技行政主管部门会同有关部门在网上予以通报，限期整改，并采取停止管理单位新购仪器设备、在申报科技计划（专项、基金等）项目时不准购置仪器设备等方式予以约束。对于通用性强但开放共享差的科研设施与仪器，结合科技行政主管部门的评价考核结果，相关行政主管部门和财政部门可以按规定在部门内或跨部门无偿划拨，管理单位也可以在单位内部调配。科技行政主管部门、相关行政主管部门要建立投诉渠道，接受社会对科研设施与仪器调配的监督。

（五）加强开放使用中形成的知识产权管理。

用户独立开展科学实验形成的知识产权由用户自主拥有，所完成的著作、论文等发表时，应明确标注利用科研设施与仪器情况。加强网络防护和网络环境下数据安全管理，管理单位应当保护用户身份信息以及在使用过程中形成的知识产权、科学数据和技术秘密。

（六）强化管理单位的主体责任。

管理单位是科研设施与仪器向社会开放的责任主体，要强化法人责任，切实履行开放职责，自觉接受相关部门的考核评估和社会监督。要根据科研设施与仪器的类型和用户需求，建立相应的开放、运行、维护、使用管理制度，保障科研设施与仪器的良好运行与开放共享。要落实实验技术人员岗位、培训、薪酬、评价等政策。科学仪器设备集中使用的单位，要建立专业化的技术服务团队，不断提高实验技术水平和开放水平。

各行政主管部门要切实履行对管理单位开放情况的管理和监督职责，实施年度考核，把开放水平和结果作为年度考核的重要内容。

三、组织实施和进度安排

改革分阶段实施，在 2014 年科技部会同有关部门和地方启动现有科研设施与仪器的资源调查，摸清家底，建立科研设施与仪器资源数据库的基础上，逐步实现科研设施与仪器向社会开放的全覆盖。

2015 年，科技部会同有关部门充分利用现有全国大型科学仪器设备协作共用平台，启动统一开放的科研设施与仪器国家网络管理平台建设，年底前基本建立。遴选状态良好、管理制度健全、开放绩效突出并具有代表性的科研设施与仪器，先行开展向社会开放试点。制定管理单位服务平台的标准规范，制定并发布统一的评价办法，开展评价考核工作，财政部门会同有关部门建立开放共享后补助机制。完善科技部、财政部、教育部、中科院等相关部门对新购科学仪器设备的查重和联合评议机制。所有管理单位制定完善的开放制度，并在国家网络管理平台上发布。

2016年，科技部会同有关部门和地方建成覆盖各类科研设施与仪器、统一规范、功能强大的专业化、网络化国家网络管理平台，将所有符合条件的科研设施与仪器纳入平台管理。所有管理单位按照统一的标准规范建成各自的服务平台，明确服务方式、服务内容、服务流程，纳入国家网络管理平台，形成跨部门、跨领域、多层次的网络服务体系。所有管理单位在国家网络管理平台上发布符合开放条件的科研设施与仪器开放清单和开放信息。

2017年，科技行政主管部门对管理单位的科研设施与仪器向社会开放情况进行评价考核，并向社会公布评价考核结果。

国务院

2014 年 12 月 31 日

科技部　发展改革委　财政部关于印发 《国家重大科研基础设施和大型科研仪器 开放共享管理办法》的通知

国科发基〔2017〕289 号

各省、自治区、直辖市及计划单列市科技厅（委、局）、财政厅（局），新疆生产建设兵团科技局、财务局，国务院有关部委、有关直属机构，有关单位：

为落实《国务院关于国家重大科研基础设施和大型科研仪器向社会开放的意见》（国发〔2014〕70 号），推动国家重大科研基础设施和大型科研仪器的开放共享，科技部、发展改革委、财政部三部门共同研究制定了《国家重大科研基础设施和大型科研仪器开放共享管理办法》。现印发你们，请遵照执行。

科技部　发展改革委　财政部

2017 年 9 月 20 日

国家重大科研基础设施和大型科研仪器 开放共享管理办法

第一章　总则

第一条　为推动国家重大科研基础设施和大型科研仪器的开放共享，充分释放服务潜能，提高使用效率，根据《中华人民共和国科学技术进步法》、《国务院关于国家重大科研基础设施和大型科研仪器向社会开放的意见》（国发〔2014〕70号），制定本办法。

第二条　本办法所指的国家重大科研基础设施和大型科研仪器（以下简称科研设施与仪器）主要包括政府预算资金投入建设和购置的用于科学研究和技术开发活动的各类重大科研基础设施和单台套价值在50万元及以上的科学仪器设备。

对于单台套价值在50万元以下的科学仪器设备，由管理单位自愿申报，主管部门择优纳入国家网络管理平台。

第三条　本办法所称管理单位是指科研设施与仪器所依托管理的法人单位。

本办法适用于中央级研究开发机构、高等院校以及其他机构。

第四条　本规定所称的开放共享，是指管理单位将科研设施与仪器向社会开放，由其他单位、个人用于科学研究和技术开发的行为。

第五条　科研设施与仪器原则上都应当对社会开放共享，为其他高校、科研院所、企业、社会研发组织以及个人等社会用户提供服务，尤其要为创新创业、中小微企业发展提供支撑保障。法律法规另有特殊规定的除外。

第六条　免税进口仪器设备纳入国家网络管理平台对外开放，应符合国家的有关规定。对于纳入国家网络管理平台统一管理、符合支持科技创新进口税收政策规定的免税进口的科学仪器设备，在符合监管的条件下准予用于其他单位的科学研究、科技开发和教学活动，未经海关审核同意不得擅自转让、移作他用或者进行其他处置。

第二章　管理职责

第七条　科技部牵头负责科研设施与仪器开放共享的宏观管理与综

合协调，其主要职责是：

（1）按国务院要求协调、推动和监督科研设施与仪器开放共享工作；

（2）研究制定科研设施与仪器开放共享的政策措施和标准规范；

（3）会同有关部门建立和管理科研设施与仪器国家网络管理平台，指导管理单位建立在线服务平台；

（4）会同有关部门建立考核评价制度，组织开展科研设施与仪器开放共享评价考核工作。

第八条　财政部协同推动科研设施与仪器的开放共享工作，主要职责是：

（1）会同有关部门开展科研设施与仪器开放共享的评价考核工作；

（2）依据评价考核结果对科研设施与仪器开放效果好、用户评价高的管理单位通过后补助机制予以支持；

（3）会同有关部门，根据评价考核结果，推动科研设施与仪器优化配置。

第九条　国务院有关部门（以下简称主管部门）在推动科研设施与仪器开放共享的主要职责是：

（1）建立健全本部门科研设施与仪器开放共享的政策和规章制度，鼓励直属研究机构、高等院校及其他单位分享仪器设备、实验平台等创新资源；

（2）审核所属管理单位报送至国家网络管理平台的科研设施与仪器相关信息，监督指导本部门所属管理单位的开放共享工作；

（3）组织开展本部门所属管理单位开放共享的评价考核。按照国家开放共享评价考核工作的要求，组织做好相关工作。

第十条　管理单位是科研设施与仪器开放共享的责任主体，主要职责是：

（1）落实国家有关政策要求，制定本单位科研设施与仪器开放共享规章制度；

（2）建立健全科研设施与仪器开放共享的激励和约束机制；

（3）建设科研设施与仪器开放共享在线服务平台；

（4）加强实验技术人才队伍建设；

（5）配合有关部门做好开放共享评价考核工作，并接受社会监督。

第三章　开放共享

第十一条　管理单位应当自科研设施与仪器完成安装使用验收之日起30个工作日内，将符合开放条件的科研设施与仪器的有关信息按照统一标准及要求报送至国家网络管理平台。报送采取网络上传方式，需经上级行政主管部门审核。

第十二条　管理单位应按照统一的标准规范建立在线服务平台，把科研设施与仪器纳入国家网络管理平台统一管理，公布科研设施与仪器目录、开放共享管理制度、服务方式、服务内容、服务流程、收费标准等信息，实时提供在线服务。

科研设施与仪器不纳入国家网络管理平台应有正当理由，由管理单位提出申请，经主管部门审核同意后，报科技部备案。

第十三条　管理单位提供开放共享服务，应当与用户订立合同，约定服务内容、知识产权归属、保密要求、损害赔偿、违约责任、争议处理等事项。

第十四条　管理单位提供开放共享服务可按照成本补偿和非盈利原则收取费用，开放服务收费标准应采取适当方式向社会公布。行政事业单位相关收入按国有资产有偿使用收入有关规定执行。

第十五条　管理单位要建立完善的科研设施与仪器运行和开放情况记录，每季度向国家网络管理平台报送一次。报送方式和流程参照第十一条规定办理。

第十六条　管理单位应建立和稳定高水平专业化的实验技术队伍，在岗位设置、业务培训、薪酬待遇、职称晋升和评价考核等方面实行富有激励性的政策措施。

第十七条　管理单位应当建立知识产权管理工作机制，保护科研设施与仪器用户身份信息及在使用过程中形成的知识产权和科学数据。

用户独立开展科学实验形成的知识产权由用户自主拥有；用户与管理单位联合开展科学实验形成的知识产权，双方应事先约定知识产权归属或比例。

用户使用科研设施与仪器形成的著作、论文等发表时，应明确标注利用科研设施与仪器情况。

第四章　考核和奖惩

第十八条　科技部会同相关部门按照分类、分级、分步的原则，制定考核标准和办法，组织实施科研设施与仪器开放共享评价考核工作，在国家网络管理平台上公布考核结果。

第十九条　评价考核应按照科研设施与仪器不同类型特点制定相应的考核指标，实施分类考核。国家重大科技基础设施的考核要符合《国家重大科技基础设施管理办法》的有关规定。

第二十条　评价考核采取试点先行、分步实施的方式组织开展。选择科研仪器多、大型仪器集中、开放共享需求大的管理单位先行考核，在取得经验的基础上逐步推开。

第二十一条　财政部会同有关部门，根据评价考核结果和财政预算管理的要求，对开放服务效果好、用户评价高的管理单位，安排后补助经费予以支持，调动管理单位开放共享积极性。

考核结果应作为科研设施与仪器建设和配置的依据。有关部门要结合考核结果和仪器设备资产存量情况，对拟新建设施和新购置仪器开展查重评议工作，避免资源重复建设。

第二十二条　利用政府预算资金购置大型科学仪器、设备后，不履行大型科学仪器、设备等科学技术资源共享使用义务的，由有关主管部门责令改正，对直接负责的主管人员和其他直接责任人员依法给予处分。

第二十三条　对于使用效率低、开放效果差、考核结果较差的管理单位，科技部会同有关部门将给予警告、公开通报并责令其限期整改；并视情节采取核减管理单位修缮购置资金、在申报科技计划（专项、基金）项目时不准购置仪器设备等措施予以约束。

对于通用性强但使用率比较低、开放共享差的科研设施与仪器，可以按规定在部门内或跨部门无偿划拨，管理单位也可以在单位内部调配。

第五章　附则

第二十四条　本办法由科技部负责解释。

第二十五条　有关部门按照本办法结合实际制定或修订相关管理规定和实施细则。地方可参照本办法执行。

第二十六条　本办法自公布之日起施行。

财政部 科技部关于印发《中央级新购大型科研仪器设备查重评议管理办法》的通知

财科教〔2019〕1 号

各有关部门（单位）：

为规范中央级新购大型科研仪器设备查重评议工作，减少重复浪费，促进资源共享，提高财政资金的使用效益，依据《国务院关于国家重大科研基础设施和大型科研仪器向社会开放的意见》（国发〔2014〕70 号）等规定，财政部会同科技部研究制定了《中央级新购大型科研仪器设备查重评议管理办法》，现印发你们，请遵照执行。

财政部 科技部

2019 年 1 月 8 日

中央级新购大型科研仪器设备查重评议管理办法

第一条 为规范中央级新购大型科研仪器设备查重评议工作，减少重复浪费，促进资源共享，提高财政资金的使用效益，依据《国务院关于国家重大科研基础设施和大型科研仪器向社会开放的意见》（国发〔2014〕70 号）等规定，对中央和地方所属高等院校、科研院所及其他科研机构利用中央财政资金申请购置大型科研仪器设备实施查重评议，特制定本办法。

第二条 本办法所称"大型科研仪器设备"是指利用中央财政资金购置的单台（套）价格在 200 万元人民币及以上，用于科学研究、技术开发及其他科技活动的科研仪器设备。

"查重评议"是指有关单位申请购置大型科研仪器设备预算时，提请负责审核批复仪器设备购置事项预算的部门或单位（以下简称组织查重部门）按本办法规定对新购大型科研仪器设备的学科相关性、必要性、合理性等进行评议，从源头上避免仪器设备重复购置，提高利用效率。

第三条　有关单位申请购置大型科研仪器经费预算时，需提请组织查重部门进行查重评议并提交购置申请报告。购置申请报告主要内容包括：拟购仪器设备基本情况、购置的必要性以及本单位同类仪器设备保有和运行开放情况等（概要模版附后）。

第四条　组织查重部门是查重评议工作的责任主体，负责自行组织或委托第三方机构利用重大科研基础设施和大型科研仪器国家网络管理平台中仪器设备数据和相关信息开展，并将查重评议结果作为批准新购大型科研仪器设备事项的重要依据。

组织查重部门要改进服务和管理，统筹做好与项目评审、预算审核等工作的衔接。

第五条　查重评议的主要内容包括：

（一）申购单位相关学科发展和承担科研任务需要购置仪器设备的必要性。

（二）申购单位及所在地区（一般指所在的直辖市、省会城市或地级市，下同）同类仪器设备的保有情况（包括分布情况、共享情况、利用情况及年平均有效机时）。

（三）申购仪器设备功能及相关技术指标的先进性、适用性、合理性。

（四）申购单位实验队伍支撑情况。

（五）申购单位物理条件（安置地点、水电环境等）支撑情况。

第六条　查重评议的原则包括：

符合下列条件之一的建议购置：

（一）申购单位及所在地区无同类仪器设备或有同类仪器设备但其功能无法满足当前研究需要。

（二）申购单位及所在地区虽有同类设备但机时饱满（原则上年平均机时达 1200 小时以上），无法满足当前研究需要。

（三）申购单位及所在地区虽有同类仪器设备，但由于实验性质和条件所限不适合共享。

（四）申购仪器设备为在线仪器设备或对已有设备的配套和升级改造等。

具有下述情况之一的不建议购置：

（一）申购单位及本地区现存同类仪器设备较多且功能可以满足当前研究需要，可以通过共享支撑当前研究（一般按照现有共享仪器设备利用机时不足 1200 小时来判断）。

（二）申购仪器设备与本项目的研究方向不符。

（三）对申购仪器设备刻意拆分、打包或未使用规范名称。

（四）申购单位缺乏合适的专职 / 兼职实验管理人员、仪器设备操作人员。

第七条　组织查重部门自行开展查重评议的，要根据本办法制定具体的操作办法；采取委托第三方评议机构开展的，应要求第三方评议机构根据本办法制定具体的操作办法，充分利用信息化手段，遴选符合条件的专家，公平、公正、高效地开展评议工作。

第八条　组织查重部门应将查重评议的结果，及时反馈有关单位。

第九条　有关单位对查重评议结果有异议的，应提请组织查重部门进行研究并提出处理意见。

第十条　财政部会同科技部等负责查重评议制度设计，推进完善国家网络平台管理，对组织查重部门、第三方评议机构等开展查重评议情况进行监督指导。

第十一条 对有关单位提交虚假材料申购仪器设备等行为、组织查重部门未按规定开展查重评议等行为，以及第三方评议机构徇私舞弊等行为，财政部将会同有关部门，采取扣减仪器设备购置预算、计入法人单位科研严重失信行为记录等方式，予以惩戒。

第十二条 为应对应急突发事件需购置大型科研仪器设备的，可不进行查重评议。涉及国防领域大型科研仪器设备购置，不适用本办法。购置单台（套）价格在 200 万元人民币以下的，有关单位要合理统筹利用仪器设备资源，减少重复购买，提高资源和资金利用效率。

第十三条 本办法由财政部负责解释。

第十四条 本办法自 2019 年 1 月 1 日起施行，《中央级新购大型科学仪器设备联合评议工作管理办法（试行）》（财教〔2004〕33 号）同时废止。

附：大型科研仪器设备购置申请报告（概要模版）

附

大型科研仪器设备购置申请报告
（概要模版）

一、科研仪器设备基本信息。主要包括：名称、型号、功能、产地国别、数量、单价、经费预算和来源、采购方式以及供货来源等。

二、科研仪器设备购置必要性。主要包括：该仪器设备适用的科研领域和对当前科研工作的作用。

三、本单位现有同类大型科研仪器设备使用管理情况。主要包括：本单位现有同类仪器设备的购置年代、型号、原值、使用情况（含年平均有效机时、开放共享、平均报废时间等）以及本单位科研仪器设备运维保障情况等。

四、本单位现有实验队伍支撑情况。主要包括：本单位配备专职/兼职实验管理人员和仪器设备操作人员的总人数、资质状况、日平均有效工作时长、培训学习情况等。

五、开放共享方案。主要包括：本单位对于拟购置大型科研仪器设备开放共享的有关安排。

科技部 海关总署关于印发《纳入国家网络管理平台的免税进口科研仪器设备开放共享管理办法（试行）》的通知

国科发基〔2018〕245 号

各省、自治区、直辖市及计划单列市科技厅（委、局），新疆生产建设兵团科技局，国务院有关部委科技主管单位，广东分署、各直属海关：

为落实《国务院关于国家重大科研基础设施和大型科研仪器向社会开放的意见》（国发〔2014〕70 号），推动纳入国家网络管理平台统一管理、享受支持科技创新进口税收政策的免税进口科研仪器设备开放共享，科技部、海关总署研究制定了《纳入国家网络管理平台的免税进口科研仪器设备开放共享管理办法（试行）》。现印发给你们，请遵照执行。

科技部　海关总署

2018 年 10 月 30 日

纳入国家网络管理平台的免税进口科研仪器设备开放共享管理办法（试行）

第一章　总则

第一条　为落实《国务院关于国家重大科研基础设施和大型科研仪器向社会开放的意见》（国发〔2014〕70 号），推动免税进口科研仪器设备开放共享，根据党中央、国务院关于推进科技领域"放管服"改革的要求，按照"简化程序、优化监管"的原则，依据《财政部 海关总署 国家税务总局关于"十三五"期间支持科技创新进口税收政策的通知》(财关税〔2016〕70号)，制定本办法。

第二条　本办法所称"国家网络管理平台"，是指为推进国家重大科研基础设施和大型科研仪器向社会开放，由科技部会同有关部门和地方建立，用以实现科研仪器配置、管理、服务、监督、评价的统一开放的网络管理平台。

第三条　本办法所称"免税进口科研仪器设备"，是指纳入国家网络管理平台统一管理，享受支持科技创新进口税收政策，处于海关监管年限内的免税进口科研仪器设备(有特殊规定的除外)。

免税进口科研仪器设备海关监管年限届满的，不纳入本办法管理。

第四条　本办法所称"管理单位"，是指免税进口科研仪器设备所依托管理的科学研究机构、技术开发机构和高等学校等法人单位。

管理单位应建立免税进口科研仪器设备开放共享管理制度和开放共享台账，真实准确记录免税进口科研仪器设备用于开放共享的情况；在不涉密条件下，按照数据报送规范如实向国家网络管理平台报送管理单位基本信息(包括变更情况)、开放共享管理制度信息、免税进口科研仪器设备基本信息、开放共享服务记录以及开放共享台账(模板)等相关信息(以下统称"免税进口科研仪器设备开放共享相关信息")。

第五条　本办法所称"开放共享"，是指管理单位按照《国务院关于国家重大科研基础设施和大型科研仪器向社会开放的意见》、《财政部 海关总署 国家税务总局关于"十三五"期间支持科技创新进口税收政策的通知》及其他有关政策规定，将免税进口科研仪器设备用于其他单位的科学研究、科技开发和教学活动。

管理单位在将免税进口科研仪器设备开放共享前，应按本办法第二章规定办理海关手续。

第六条 科技部负责建设和运行国家网络管理平台，制定发布数据报送规范，指导管理单位建设在线服务平台并按照数据报送规范向国家网络管理平台报送免税进口科研仪器设备开放共享相关信息。

国家网络管理平台向中国电子口岸实时传输管理单位报送的免税进口科研仪器设备开放共享相关信息。

第七条 海关总署指导各直属海关按规定对免税进口科研仪器设备开放共享实施监督管理。

第八条 国务院有关部门以及省、自治区、直辖市、计划单列市和新疆生产建设兵团科技主管部门（以下简称"主管部门"）负责审核确认本部门、本地区管理的管理单位报送至国家网络管理平台的免税进口科研仪器设备开放共享相关信息，监督指导管理单位如实、准确、按时报送相关信息。

第二章 开放共享程序

第九条 管理单位在将免税进口科研仪器设备开放共享服务前，应按规定事先向所在地海关（以下简称"主管海关"）提出申请。

第十条 管理单位符合下列条件的，可向主管海关申请按简易程序办理免税进口科研仪器设备开放共享有关手续：

（一）已建立免税进口科研仪器设备开放共享管理制度；

（二）已建立免税进口科研仪器设备开放共享台账（模板），承诺完整记录开放共享服务时间、服务类型、服务内容、服务对象等情况信息；

（三）已按照数据报送规范，将免税进口仪器设备基本信息报送至国家网络管理平台，并已经主管部门审核。

（四）截至申请之日，近一年内未因违反规定擅自将免税进口科研仪器设备转让、移作他用或者进行其他处置而被处罚，近三年内未因擅自将免税进口科研仪器设备转让、移作他用或者进行其他处置而被追究刑事责任。

第十一条　管理单位申请适用简易程序的，应在将免税进口科研仪器设备开放共享前，向主管海关提出申请，并提交《管理单位适用简易程序申请表》（格式见附件1）。

主管海关自接受管理单位申请之日起10个工作日内，对照国家网络管理平台传输的管理单位报送的免税进口科研仪器设备相关信息等进行审核。经审核符合适用简易程序条件的，主管海关出具《适用简易程序通知书》（格式见附件2，以下简称《通知书》）。

自海关出具《通知书》之日起，管理单位可以将免税进口科研仪器设备用于开放共享。管理单位应将《通知书》编号，及时上传至国家网络管理平台。

适用简易程序的管理单位，可不必在每次将免税进口科研仪器设备开放共享前，向主管海关提出申请。

第十二条　已适用简易程序的管理单位，连续3次及以上未按本通知第十六条规定报送免税进口科研仪器设备开放共享情况，或者出现本通知第十条（四）情形的，暂停适用简易程序。管理单位应将主管海关出具的《暂停适用简易程序告知书》（格式见附件3）编号，及时上传至国家网络管理平台。

管理单位整改后符合适用简易程序条件的，可以向主管海关重新申请适用简易程序。

第十三条　对于管理单位未申请适用简易程序的，经主管海关审核不符合适用简易程序条件的，暂停管理单位适用简易程序的，以及管理单位主动申请不再适用简易程序的（以下简称"非适用简易程序的"），管理单位应按照现行规定，在每次将免税进口科研仪器设备开放共享前向主管海关提出申请。

经主管海关审核同意，管理单位可以将免税进口科研仪器设备用于开放共享。管理单位应将海关审核同意文件的编号，及时上传至国家网络管理平台。

第十四条　免税进口科研仪器设备开放共享一般不得移出本单位，因特殊情况确需短期或临时移出本单位使用的，应于移出前向主管海关提出申请。

经主管海关审核同意的，管理单位可以将免税进口科研仪器设备短期或临时移出本单位使用，并在使用结束后及时运回本单位。管理单位应将海关审核同意文件的编号，及时上传至国家网络管理平台。

第十五条　免税进口科研仪器设备开放共享应当用于科学研究、科技开发和教学活动。管理单位确需将免税进口科研仪器设备用于其他用途，应按规定事先向主管海关提出申请。

第十六条　适用简易程序的，管理单位应于每月 10 日前，将上月已开展的免税进口科研仪器设备开放共享服务记录报送至国家网络管理平台。

非适用简易程序的，管理单位应于每季度首月 10 日前，将上季度已开展的免税进口科研仪器设备服务记录报送至国家网络管理平台。

第三章　监督管理

第十七条　免税进口科研仪器设备开放共享情况纳入海关年报管理。

管理单位应于每年 6 月 30 日前，将本单位上一年度纳入国家网络管理平台管理的免税进口科研仪器设备开放共享情况汇总后，向主管海关报告。

第十八条　主管部门应加强对本部门、本地区管理的管理单位免税进口科研仪器设备开放共享情况的监督，将管理单位报送信息的真实性、完整性、及时性和开放共享台账实际运行情况等纳入对管理单位开放共享的评价考核。

主管部门发现管理单位存在应报未报、报送信息不完整不及时，以及开放共享台账记录不准确的，应督促管理单位限期整改，并将发现的问题及管理单位整改情况及时告知有关直属海关。

第十九条　科技部将管理单位免税进口科研仪器设备开放共享相关信息报送质量、开放共享管理制度执行情况等，纳入对管理单位开放共享的评价考核。

第二十条　主管海关以国家网络管理平台传输的免税进口科研仪器设备开放共享相关信息为基础，加强对免税进口科研仪器设备开放共享情况的抽查监督。

对管理单位违反规定，擅自将免税进口科研仪器设备转让、移作他用或进行其他处置的，按照相关规定处罚。

第四章　附则

第二十一条　本办法由科技部、海关总署负责解释。
第二十二条　本办法自 2018 年 12 月 1 日起试行。

附件 1、附件 2、附件 3 略。